互联现实

面向未来的技术

[美] 莱斯利·香农（Leslie Shannon）◎著

栗乙涵◎译

How the Metaverse Will
Transform Our Relationship with Technology Forever

INTERCONNECTED
REALITIES

中国出版集团

中译出版社

图书在版编目（CIP）数据

互联现实 /（美）莱斯利·香农著；栗乙涵译 . --
北京：中译出版社，2024.7
书名原文：Interconnected Realities: How the
Metaverse Will Transform Our Relationship with
Technology Forever
　　ISBN 978-7-5001-7816-3

　　Ⅰ . ①互… Ⅱ . ①莱… ②栗… Ⅲ . ①虚拟现实
Ⅳ . ① TP391.98

中国国家版本馆 CIP 数据核字（2024）第 063270 号

著作权合同登记号：图字 01-2023-4004 号

互联现实
HULIAN XIANSHI
著　　者：［美］莱斯利·香农（Leslie Shannon）
译　　者：栗乙涵
策划编辑：朱小兰
责任编辑：朱小兰
文字编辑：苏　畅　刘炜丽　王希雅
营销编辑：任　格
出版发行：中译出版社
地　　址：北京市西城区新街口外大街 28 号 102 号楼 4 层
电　　话：（010）68002494（编辑部）
邮　　编：100088
电子邮箱：book@ctph.com.cn
网　　址：http://www.ctph.com.cn

印　　刷：北京中科印刷有限公司
经　　销：新华书店
规　　格：710 mm×1000 mm　1/16
印　　张：17.5
字　　数：190 千字
版　　次：2024 年 7 月第 1 版
印　　次：2024 年 7 月第 1 次

ISBN 978-7-5001-7816-3　　　　　定价：79.00 元

版权所有　侵权必究
中　译　出　版　社

献给我睿智的父亲，盖伊·香农（Guy Shannon），

他在 1985 年送给我一台电脑，

而不是我想要的立体音响，

由此为我开启了技术世界的大门。

感谢您所做的一切，爸爸。

序 言
Preface

当下还没有人能把元宇宙（metaverse）到底是什么弄清楚。不过这也合理——元宇宙这个概念本身就很宽泛，毕竟它的定义源于文学灵感，而非某种技术层面的含义。元宇宙与互联网、3D 数字世界、化身（avatar）、区块链、非同质化通证（后文简称 NFT）、购物和游戏都能扯上关系，不是吗？

好吧，的确如此。事实证明，正因为元宇宙缺乏一个被广泛认同的定义，所以率先进入该领域的人有了定义它的机会。这也是来自各行各业的人蜂拥而至的原因。放眼全世界，技术、时尚、Web3、制造业、教育、电信以及许多其他行业的公司，再加上众多新的创业公司，都忙着在元宇宙的星球上插上自己的旗帜。

众多公司都在试图搭上元宇宙概念的列车，着实令人惊讶。这也恰恰表明以下两点：（1）人们普遍感到这里有真正值得参与进来的东西；（2）那些被近几年掀起颠覆性浪潮的移动技术、云技术和互联网技术抛弃的人，这次决心紧紧跟上。

美国社交软件巨头脸书（Facebook，现名 Meta）就是一个典型的例子。作为元宇宙概念的主要推动者之一，脸书公司在最初收购了 VR 头戴式设备制造商——Oculus。因为已经错过了引领移动硬件领域的机会，脸书公司发现自己在业务上一再受到苹果公司（Apple）和谷歌公司（Google）的摆布。2014 年，当扎克伯格在寻找"下一件大事"时，他试戴了 Oculus Rift 头戴式显示器，瞬间被这种体验震撼了。Oculus 团队的约翰·卡马克（John Carmack）将他的宏伟愿景描述为"一个不需要显示器的未来世界……因为我们有眼镜。人人都有虚拟显示器——无处不在、无时不有。而且过不了多久……曾经的电脑机箱、游戏手柄、壁挂式电视机几乎都将成为落伍的物件"。[1] 扎克伯格同样能够想象这样的世界，因此决定让脸书公司去创造下一个范式，避免再次被潮流拒之门外。[2] 一半是因为怀着敢于创造新世界的冒险精神，一半是因为承受着错失恐惧症（FOMO）带来的焦虑——在我看来，对于很多对元宇宙有兴趣并参与其中的公司而言，这是相当普遍的驱动因素。

我对这种复合因素再熟悉不过，因为这也是我在诺基亚公司（Nokia）担任趋势与创新探索主管（head of trend and innovation scouting）的动机之一。我于 2000 年加入该公司，自 2016 年开始担任位于硅谷的趋势探索职务。我的工作就是去发掘在诺基亚公司的电信领域之外的创新机会。这是一个非常广泛的领域，包括增强现实（后文简称 AR）眼镜、触觉手套、自然语言界面、各种视觉分析、虚拟现实（后文简称 VR）、无人机、机器人……几乎包括所有具备连接组件的新事物，几乎可以说是全部事物。我在为诺基亚公司及其运营商和企业客户寻找新的收益机会，同时也在探寻一个能体现这些创新对未来的网络提出哪些要求的广阔视角，以便让我们和我们的客户都能确保建立满足这些创新所需性能的网络。要鼓起勇气大胆抓住并定义全新的机会，以及害怕错过"下一件大事"，这两个话题普遍出现在我与世界各地公司的对话当中。

在我的研究中，VR 和 AR 的话题不断出现。我是一个技术狂热者，使用过包括这两者在内的各种技术，经年累月的尝试让我对每个领域的优势和短板形成了明确的看法。（本书中表达的观点和意见仅代表我个人，不代表我所供职的单位，包括诺基亚公司。）正是在这种情况下，我对各种技术都有过一段时间的深入了解，而也是这些技术元素共同构成了元宇宙。

作为一名身在硅谷的技术趋势探索者，我探寻的是未来学家所谓的"信号"，即当下存在的、能够为我们所有人在未来开辟出新道路的进步力量，这种进步力量可能存在于技术层面或社会层面，也可能二者皆有。在本书中，我将与你分享我所看到的围绕元宇宙主题的最重要的信号，这样你就会对目前已经实现的事物有更广泛的了解。就像互联网也只有一个一样，元宇宙也只有一个。但元宇宙有众多子类别，能够为不同的受众解决不同的问题，我们将对这些子类别开展广泛的研究。

从这里开始，我将着眼于我们所知道的即将到来的技术发展，无论是在我扎根的电信行业，还是其他领域。这些"元宇宙游戏规则变革者"将促成下一代的元宇宙体验，为了让你在新发展一经宣布的当下就认识到其重要性，我将披露其中最重要的东西。在未来，元宇宙将得到更加全面的实现，读过本书后，相信你能够对其发展速度有自己的判断。

最后，我将与你分享我对这一切走向的看法，以及对我们所有人来说，元宇宙将会是一个什么样的世界。我的结论将基于我一直在追踪的"信号"，以及我们可以看到的新技术发展的证据，当然还有一部分我的个人经验、意见和希冀。如果你能从你自己的经验、意见和希冀中得出不同的结论，那也很棒！通往未来的道路绝不止一条，但我们越是思考它可能是什么样以及我们希望它是什么样，我们就越有机会去主动创造一个我们都热爱的未来。

本书的书名是《互联现实》，因为这是我所认为的元宇宙最重要的方面：它能将我们的物理现实与另一个实体联系起来，无论是一个人、一个地方还是信息。但这个定义还需要更多的解释才能完全说得通。

现在，我想告诉你，我认为元宇宙及其将我们的现实互联的方法就是"下一件大事"。元宇宙之所以重要，并不是因为我们都将成为数字购物中心的化身，在某个数字星球上拥有数字家园，而是因为人类和计算机之间的互动方式即将发生重大的范式转变，而元宇宙正是这一转变的核心。

你感到激动人心吗？你说得对。这场转变会令你害怕吗？可能也会。这一切是不可避免的吗？或许是的。机会、威胁、颠覆、老企业倒下、新企业崛起？以上都有。

所以请系好安全带，随我一起来看看我们的世界即将如何变革。

目　录
Contents

第一章

初识元宇宙

1995 年 11 月，比尔·盖茨（Bill Gates）做客大卫·莱特曼（David Letterman）的深夜秀。[1]那还是互联网刚刚兴起的时候，大卫·莱特曼不明白这一切到底是怎么回事。以下是他们的一段简短对话：

莱特曼：互联网到底是什么？

盖茨：互联网是一个人们可以发布信息的地方。每个人都可以拥有自己的主页。各家公司会在互联网上发布最新讯息，你可以给人们发送电子邮件。

莱特曼：我听说你可以在互联网上看棒球比赛直播。我想知道，是类似"广播"那样的吗？

盖茨：互联网和广播不一样。只要你愿意，可以随时观看比赛。

莱特曼：类似"录音机"那样的？

谈话就这样进行着。不管比尔·盖茨向大卫·莱特曼介绍任何互联网能为他做的事情——获取赛车运动的最新动态、和雪茄爱好者交流、与兴趣相投的人互动——莱特曼总能指出一些他生活中已存在的替代物，在他眼里，这些东西足够让他获取到同样的信息。他订阅雪茄杂志，也订阅能提供最新赛事信息的奎克州快线（Quaker State Speedline）的电话服务。的确，这么看来互联网对他能有什么用处呢？ 对于互联网能带给他的新体验，盖茨当时没能说服他，也没能说服观众。

这就是新平台或新媒体形式刚出现时的一个常见问题：开始的时候你很难看出它们会如何改变你的生活，直到某个突然的瞬间。2010 年，我家买了第一代平板电脑。我们买的时候并没想清楚一台平板电脑除了能玩"割绳子""愤怒的小鸟"游戏还有什么用处。然而，当我们从宜家买了一张餐桌，却发现包装盒里没有安装说明的时候，才对平板电脑的作用恍然大悟。没有说明书怎么办呢？我们很快发现餐桌的说明书能在网上搜索到，但我家电脑在房间另一侧的屋子里，而且房间太小，根本没有空间组装餐桌。我和丈夫正准备认命，在餐厅和书房之间来回折返，照着图纸一步步安装。这时——叮！灵感来了！我们可以用平板电脑直接在餐厅里边看说明边安装！那一刻，便携式大屏幕电脑的强大功能得到充分体现，我再也不去怀疑平板电脑的实用性了！

这正好对应了史蒂夫·乔布斯（Steve Jobs）的名言："通过焦点小组访谈来设计产品真的很难。很多时候，在你展示之前，人们压根不知道自己想要什么。"[2] 我想不出平板电脑有什么用，直到自己在生活中需要用到便携的、可读的大屏幕的时候，发现手中的平板电脑就能完美解决问题，那时我感到无比轻松。我们不确定大卫·莱特曼如今在互联网上做什么，但他可能不再订阅纸质的雪茄杂志，也不会再拨打奎克州快线了。

如今我们面对元宇宙时，也是这种情况。元宇宙在 21 世纪 20 年代初的发展状况就相当于互联网在 20 世纪 90 年代中期的发展：很多人都在谈论它，有些人已经在构建它，但没人能真正定义它是什么，或者指出它能为我们做什么，甚至搞不清楚一旦它出现了，是否会与任何人或事产生关联。同样的道理，人们现在很容易给各种东西都贴上一个概念模糊的"元宇宙"标签，却对元宇宙的概念忽视不谈。

我记得 1995 年的时候，我还总把互联网归类为"有难度"的事物，直到我发现它可以帮我在亚马逊上买到几乎所有的书，还能快递到家，我才终于对互联网产生了兴趣。元宇宙也是一样的情况。大多数人不会对它的出现感到兴奋，直到他们亲自发现它的用处。

面向一个能解决问题的元宇宙

那么，元宇宙对人们有什么用处呢？我们先来看看"元宇宙"的一般概念。我最初对这个概念产生兴趣是因为两本书：《雪崩》（*Snow Crash*）和《头号玩家》（*Ready Player One*）。在书中，元宇宙（在书中被称为"绿洲"）是一个数字世界，人类可以借助某种硬件进入这个世界。在这个世界里，他们可以与其他人和事物以某种形式互动，而这些互动可能（也许不能）对现实世界产生关联和意义。元宇宙让人身临其境，带来无限可能。你的身份可以是你选择的任何人或任何事物。只要你愿意，你可以变成一根巨型香蕉，在数字火星上的迪斯科舞厅跳上一整夜。真是太酷了！

这是元宇宙的一般性概念。现在，让我们回过头来换个角度再看看它。

20 世纪 90 年代中期，我才慢慢摸索进互联网领域。1996 年，我进入了炙手可热的移动电话新领域，从那时起一个问题就一直在我心里萦绕："新技术到底能不能真正流行起来？"在这个领域工作了几十年后，经验告诉我，新技术只有在不花费太多成本就能解决问题的情况下才能取得成功。我们花些时间，用几个例子来理解这句话，然后再用这个思路去解读元宇宙。

能解决问题的新技术才能取得成功

我认为 3D 电视是解释这个说法的典型代表。看到"更拟真"的电视节目可能会很有趣，但是如果家里的电视只能显示 2D 图像，这能称得上是一个问题吗？特别是制作 3D 电视内容的造价相当高昂，而且在开始阶段可兼容的内容还很有限。全球市场（至少目前）给出的一致答案是否定的，在家里只能观看 2D 电视并不算是一个需要解决的问题。因此，3D 电视之所以没有取得成功，在很大程度上是因为它不能解决问题。

然而，早在 20 世纪 80 年代，大众市场希望解决的是这样一个问题：要看的电视节目仅播出一次，如果你没能及时观看，那就看不到了。由此，录像机应运而生——且不考虑格式的问题，你会购买哪款呢？较上乘的 Betamax，还是较亲民的 VHS？众所周知，最终 VHS 的胜出得益于格式配置而不是因为价格比 Betamax 低。VHS 成功背后的更重要原因是，该公司从一开始就提供两小时时长的录像带，而 Betamax 的第一批录像带仅能支持一小时。当时的电视观众所面临的问题不仅是他们想从电视直播中录制一小时的节目，他们还想要录制电影——通常需要录制两小时。VHS 在 VCR 格式大战中最终获胜，不是因为它的价格更便宜，而是因为它提供了更好的问题解决办法。

不花太多成本就能解决问题的新技术才能取得成功

定价是"成本"的一方面，就像上面的 VCR 例子——虽然 VHS 的价格比 Betamax 同等产品低，但 VHS 的规格却不低。再比如我们家使用平板电脑的启发性体验。我们之所以有这样的体验，是因为平板电脑本身并不过分昂贵，所以我们在还没搞清楚它能派上什么用场的时候，就已经买了一台。

成本还有其他形式，包括时间、便利和挫败因素等。例如，在 20 世纪 90 年代末和 21 世纪初，你可以在手机上阅读电子邮件，但前提是你必须在设置过程中就提供手机的 IP 地址和 POP 服务器。怎么，你手头没有这些信息？那你就不能在手机上使用电子邮箱了。早期，使用手机电子邮箱所需的时间和参与成本太高，无法广泛普及，黑莓公司（BlackBerry）解决了这一问题，开辟了一个完美的市场。

这就引出了一个价值数亿美元的问题：元宇宙能解决什么问题？

（空气突然安静）

坦率地讲，在元宇宙当下的这个发展阶段，我们与自己或他人就这个问题进行的任何对话，听起来都很可能像比尔·盖茨在 1995 年与大卫·莱特曼的对话。下面看几个例子：

元宇宙怀疑论者：元宇宙到底是什么？

元宇宙爱好者：一个沉浸式的世界，你可以在那里建造数字豪宅，让你所有朋友的化身都去拜访你。

元宇宙怀疑论者：类似"Zoom 会议室里配了一个宫殿背景图"

那样吗？

元宇宙爱好者：是的，但你不一定非得长得和自己一样。如果你愿意，你可以变成一根大香蕉！

元宇宙怀疑论者：类似"自带巨型香蕉滤镜的快拍相机"那样吗？

诸如此类。

我们在此相遇的原因，我写这本关于元宇宙的书的原因和你在读这本书的原因都可以归结于元宇宙概念的某个地方，一定存在着解决某种问题的某种方案，尽管我们还无法将其表述清楚。

有一个问题可以靠元宇宙直接解决，尽管我们并不经常谈论这个问题，甚至不把它当作一个问题。那就是，目前我们的大部分计算被限制在二维屏幕之后。要访问它，我们必须靠视觉和认知注意力来触碰计算机、平板电脑或手机屏幕，这就意味着要把视线和思维从物理世界中围绕着我们的人、地点和事物中抽离出来。

我们会开这样的玩笑：在外出就餐时，桌上的每个人都盯着手机屏幕，而不是在和彼此交谈。但严肃来讲，众所周知，仅在美国，分心驾驶每年都会导致数千人死亡。³大多数美国父母会担忧，因为他们的孩子在社交媒体和游戏的屏幕上花费过多时间。⁴你大概也在近一周遭遇过这种情况：因为一直盯着屏幕忽略了眼下的周遭环境，导致你在社交中游离走神，或者对某个人视而不见，再或者把自己置于潜在危险当中。没错，我也能说出一个。我们谁也别笑话谁，都一样。

问题就在于，智能手机和电脑在随时随地为人们提供信息和娱乐方面，做得实在是太好了。为了享受这种极度的便利，我们要付出惊人的高昂代价，就与身边物理层面的人、地方和事物的交往联系而言，我们如今正在不假思索地为此付出代价。没错，我们正在付出代价。

数字与物理的结合

现在，我们来重新思考一下，能对这个问题给出相关解决方案的元宇宙会是什么样子。如果需要解决的问题之一是我们对屏幕的过度依赖，那么沉浸式的数字世界又怎么会是解决办法呢？是的，确实解决不了这个问题。但如果我们把体验比作一道光谱，其中最左侧代表 100% 的物理体验，最右侧代表 100% 的数字体验。那么也存在一个中间点，即代表 50% 的物理体验和 50% 的数字体验。在这个中间点的两边，数字或物理的融合比例在滑动变化。正是这种数字或物理的融合成为我们的关注重点——互联现实。

互联现实：数字或物理融合

现在我们已经取得了一些进展。基于这一概念的元宇宙是一个世界，在这个世界里，我们可以像现在一样，通过屏幕获取令人信服的、引人入胜的、强相关的内容，但我们需要让这些内容以可视化的方式融入我们的物理世界中，从而改善我们的生活，而不是让我们远离生活。在元宇宙的概念设想下，数字和物理世界在以不断滑动变化的比例相互交融，因此有时我们会完全沉浸在数字世界中，以满足当下的需要，但也有可能花费大量时间完全沉浸在物理世界中。元宇宙的主要活动就发生在这两者的融合之中。终端用户可以根据需要来控制激活所需的融合比例，着重于通过数字方式增强体验，与此同时，我们需要继续保持对周围物理环境以及周围人和事物的高度感知和存在。

在这个互联现实的元宇宙中，我们将把互联网世界中的数字信息（或娱乐）与周围的物理环境结合起来，这样我们就可以比现在更高效，获取更丰富的信息，更快乐，觉察也更清晰。这种增强型未来的一个简单应用实例，可能是我烤箱里的一个传感器，它可以与我的 AR 眼镜连接，当烤箱打开时，当我的视线停留在烤箱上超过一两秒时，当前的温度就会以可视化数字叠加的方式显示在眼镜上——当我在厨房的另一头时，这一点就会很有用。（如果这个例子不是很有说服力，请等一等——在本书的后面部分，我会告诉你一些非常令人兴奋的融合现实概念，会让你大吃一惊。）

这就是我对元宇宙的定义：

元宇宙是一种部分或完全数字化的体验，可以实时地将人、地方和 / 或信息汇聚到一起，以一种超越纯物理世界中可能实现的方式来解决问题。

这个定义既包含大多数人在听到元宇宙时就会想到的"两个人用化身在 VR 空间中相遇"的概念，也包含我刚才列举的那个非常简单的烤箱例子。就烤箱的例子而言，这是一种部分数字化的体验，将我和当下（看不见的）烤箱温度联系起来，无论距离有多远。它所解决的问题是，我可以不用走到烤箱前，就能知道烤箱还需要多长时间才能达到我烹饪晚餐所需的温度，而不用专门走过去看它那亮度很低的小字。当然，这不算什么大问题，但有时解决掉生活中一些令人讨厌的小麻烦会给人带来意想不到的快乐。

著名的元宇宙思想家和作家马修·波尔（Matthew Ball）曾经说过："如果说元宇宙有什么方面是每个人都能赞同的话，那就是它是基于虚拟世界的。"[5] 嗯，不，我不这样认为——这恰恰说明在初期发展阶段，人们对元宇宙的定义和理解是多样的。波尔阵营中的纯粹主义者会反对，因为他们认为，将"部分数字体验"归入其中，就意味着偏离了早期视觉作品《雪崩》和《头号玩家》中提出的"沉浸式虚拟世界"的元宇宙概念。他们是对的。这没什么。[6] 如果我们要打造"下一代互联网"，并使其成为一项真正成功的技术，那么我们就应该认真思考去扩展它的定义，使其把所有能将数字化内容加入人们生活中的方式都囊括在内，从而改变我们一天中每时每刻的体验，而不仅仅是坐在电脑前或戴着 VR 耳机的那些时刻。元宇宙是关于解决人类与计算机如何交互的新范式，而不是一个特定的数字世界。

尽管元宇宙的这一扩展定义可能与当前"元宇宙＝沉浸式"的普遍观点不相符，但在这一点上，我并非孤军奋战。我们来看看 Meta 全球事务总裁尼克·克莱格（Nick Clegg）在 2022 年发表的观点：

元宇宙不仅仅是 VR 的超脱世界……它的范围从使用虚拟化身或在手机上访问元宇宙空间，到通过 AR 眼镜将计算机生成的图像投射到我们周围的世界，再到融合了物理和虚拟环境的混合现实体验。[7]

更有说服力的是，2021 年 8 月，Niantic（知名游戏公司）的首席执行官约翰·汉克（John Hanke）高调发表了一篇博文，题为《元宇宙是一场反乌托邦的噩梦。让我们建造一个更加美好的现实》（*The Metaverse is a Dystopian Nightmare. Let's Build a Better Reality*）。（来吧，约翰，告诉我们你的真实感受！）在这篇文章中，他认为完全数字化的元宇宙正在走向碎片化，并最终可能造成分裂，而这一点我们在新冠大流行期间已经有所了解：

我们太容易沉溺于日常的 Zoom 通话、网购、游戏……它纵容一些人们在面对面时谁都绝对无法容忍的行为。它通过算法将人们推入气泡，强化极端观点，从而分裂我们的社会。[8]

这一点也不稀奇。作为《宝可梦 GO》（*Pokémon GO*）背后的公司，Niantic 专注于利用技术让人们离开沙发，走出家门，以具有社会意义的方式直接与他人建立联系——这正是《宝可梦 GO》体验的意义所在。自 2016 年推出《宝可梦 GO》以来，数以亿计的玩家（以及如今仍在玩这款游戏的数千万玩家）告诉我们，这种体验、这种可以随着我们在现实世界中的活动变化而变化的数字或物理融合的体验让人感到满足。著名的技术观察家本尼迪克特·埃文斯（Benedict Evans）也证实，过去几十年来，我们使用技术的趋势是从沉浸式转向移动式的：将最重要的计算机交互从台式电脑转移到笔记本电脑，后又转移到智能手机。[9]我们希望走出来，把自己置身于世界之中，而不是被拴在电脑桌前。

"将人、地方和/或信息汇聚到一起"是这个定义的另一个关键部分。如今，许多精彩的 VR 体验确实令人愉悦，但它们并不属于元宇宙的范畴。单机 VR 游戏就是一个例子。我曾花了数小时沉迷于玩游戏《小老鼠莫斯》（*Moss*）[10]和《掉进兔子洞》（*Down the Rabbit Hole*），但我丝毫不觉得我在那段时间里曾进入过元宇宙。元宇宙关乎互联性，只有当两个或更多的世界结合在一起时，神秘力量才会被激发，无论是通过连接物理和数字世界，还是连接现实和想象世界，还是使用数字手段连接分开的物理现实。独自玩游戏并不能将我与游戏想象世界之外的任何人、任何地方或事物联系在一起。

然而，用电脑在 Virbela（一个企业元宇宙虚拟平台）上与同事的化身会面，或在 Engage（一个虚拟的教育与培训平台）的 VR 会议室中做演示，就是元宇宙体验。因为玩单机游戏不会产生游戏之外的任何影响，而通过数字方式与他人互动则具有与在现实世界中和他人会面同等重要的影响。与朋友实时玩《节奏空间》（*Beat Saber*）是一种元宇宙体验，但自己一个人玩《节奏空间》则不是。即使你要解决的问题仅有"我如何才能与不在场的朋友分享难忘的时光？"另一个人的存在也为你的数字体验增添了单人体验所缺乏的分量和重要性。游戏中的共同记忆可以加深（或者，如果你运气不好，会毁掉）一段关系。至少，这是你们共同创造的新记忆。游戏设计顾问妮可·拉扎罗（Nicole Lazzaro）说过："元宇宙最重要的部分是人。"她说得非常对。[11]但元宇宙定义中的"汇聚"并不局限于将人汇聚在一起，也包括带你到新的地方或给你新的信息。这种连接是让你与自己以外的事物建立联系，与新的事物建立联系，这才是关键。

"实时"是元宇宙体验与类元宇宙体验的关键区别之一，我们将在下一章讨论这一点。我必须感谢 Unity（实时 3D 互动内容创作和运营平台）让我注意到这个因素。Unity 平台让大量的元宇宙 3D 内容得以创建。根据 Unity 平台的说法，元宇宙是"下一代互联网，它具有以下特点：（1）总是实时的；（2）主要是 3D 的；（3）主要是互动的；（4）主要是社交的；（5）主要是持久的"。[12] 对于实时互联、实时感知和实时行动的需求所指极其丰富，从感知观众的即时情境和周围环境的能力，到对低延迟连接的需求，不一而足。

"以一种超越纯物理世界中可能实现的方式"烦冗地描述了元宇宙中一个最显著的特征：创造神奇魔力的潜力。通过创造我们可以直接体验数字世界和半数字世界，元宇宙为我们提供了可以成为、做到、看到、生活、探索和创造我们所能想象到的任何事物的能力，甚至可能远不止于此。有一次，我和几位同事朋友在 VR 会议空间 RAUM 参加年终圣诞聚会，结束的时候我们用闪闪发光的漂亮数字圣诞饰品玩了一场虚拟投篮。这一切看起来既可笑又有趣，也很美观，甚至令人着迷，但很难给一个不在现场的人解释清楚这种感觉。这就是元宇宙所能创造的神奇魔力，像是将闪闪发光的仙尘洒在了最平凡的事物上。要始终记住元宇宙潜在的"哇噻因素"，还要记住，在元宇宙，即使平淡无奇的日常活动也能变得异常有趣。

正如 ESPN 图形技术先驱马克·罗利（Marc Rowley）所说："创造产品的目标……是创造出神奇的东西。如果你做到了这一点，人们就会带着更多需求再次光临。"[13]

当然，在我给元宇宙下定义的末尾，还有"解决问题"的元素，我们也可以将其视为"与元宇宙当下世界之外的相关性"。跟着这本以元宇宙为话题的书往后看，在观察当前被归为"元宇宙"和"类元宇宙"范畴的各种体验时，我会不断地使用这一标准去衡量各个说法是否解决了具有意义的问题。我发现这种方法很有指导作用，可以帮我们把元宇宙"麦粒"从元宇宙"谷糠"中筛拣出来，并且能看出来在人们今天所认为的元宇宙中，哪些元素可能具有长久的生命力，哪些可能只是昙花一现。

通过以上讨论，我们可以将元宇宙的互联现实定义归纳为五个要点：

1. 部分数字化和完全数字化的。
2. 互联的。
3. 实时的。
4. 神奇的。
5. 相关的。

这五点是对创建一个有用的、吸引人的、持久的元宇宙做出最大贡献的体验元素，无论我们通过 AR、VR、台式电脑还是智能手机进行访问，我们最终都将参与其中。

互联现实

现在我们已经从概念上定义了元宇宙，接下来我们就从具体来看，搞明白哪些是已经存在的东西，哪些是还没有到来的东西，以及我们最终将如何拥有由数字与物理的交织所带来的变革力量。

我认为将数字与物理结合的产物分为四类是很有帮助的（见图 1.1）。

图 1.1　互联现实的四大类别

其中的两个关键类别，我认为最有助于分类和理解元宇宙和类元宇宙体验：

1. 它们是我们物理世界中的一层数字信息，还是完全的数字信息，这些信息如图 1.1 中的横向标签所示。

2. 它们是实时的双向交流，还是异步的单向交流（即预先创建的信息，稍后将被访问），如图 1.1 中的垂直标签所示。

我们依次看看由此产生的四个类别。（每个方框中的项目符号示例将在后面的章节中详细介绍。）前两个类别共同构成了我上文定义的更广义的元宇宙。第二对类别本身不是元宇宙，而是类元宇宙。

实时的集成内容

在这一类别中，数字内容是根据用户的当下物理环境和需求而生成的。这类数字内容的第一波已经相对普遍，包括用户手册或翻译字幕等信息，它们似乎悬浮在空中，与物理世界没有互动。在其高级形式中（主要是未来的形式），这些数字内容将在视觉上与用户周围的物理环境相融合。例如，用户可以看到一个活生生的全息图像，似乎另一个人就站在用户自己的物理空间的地板上。目前，用于访问这些数字或物理内容集成的硬件主要是智能手机，在不久的未来，将会是 AR 眼镜，以及一些可以接收直通视频的 VR 头显。

实时的沉浸式内容

在当今最被广泛理解的定义中，这是最明确的包含"元宇宙"的类别。在这些完全数字化的世界中，你被一个数字化身代表，你可以通过它与其他数字人、地方和事物进行互动，以达到各种目的。这些世界并不一定都需要通过 VR 头显来访问 [例如，

《堡垒之夜》(*Fortnite*)和大多数 Web3 地产空间，如《创世纪城》(*Decentraland*)，都主要通过台式电脑访问]，但其中有很多还是需要头显的。

预制的集成内容

这个类别是目前四个类别中最小的一个，由早期创建的内容组成，你可以在正确的位置访问这些内容。与物理自然景观地形的实际集成程度可能很低——通常你看到的只是一个盘旋在空间中的数字物体，就像早期《宝可梦 GO》玩家的体验一样。色拉布（Snapchat）的社群地理过滤器（Community Geofilters）滤镜可以更好地将预制内容与数字或物理相结合。有了这些功能，你就可以通过该平台的滤镜（Snap Lens）来观察埃菲尔铁塔等地标建筑，并通过 Snap 社区其他人创建的数字滤镜来改变物理世界的视觉体验（现在它变成了一只巨大的企鹅！）。目前，这类体验大多都是通过智能手机访问的。

预制的沉浸式内容

这是一个范围很广的类别，包括当今几乎所有的非游戏 VR 内容。这些内容的"预先存在"或"单向"的性质指的是，它们都是早先创建的，在你访问时这些内容不会发生变化（尽管它可能会改变你！）。例如，大多数用于培训的 VR 和大多数用于身心健康锻炼和社会公益的 VR 体验属于这种情况。

类元宇宙类别

类元宇宙的类别之所以非常重要，正如我们稍后将探讨的那样，是因为真正的元宇宙类别在技术上极其难以实现，尤其是在重大规模上的应用。最重要的是，它对于实时性的要求之高是最难跨越的障碍。

正如 AR 地图公司 6D.ai（后被 Niantic 收购）的原首席执行官马特·米斯尼克斯（Matt Miesnieks）所说："任何从事过电信或快速 MMO 游戏基础设施工作的人都会深有体会，实时基础设施和异步基础设施是两种完全不同的东西。"[14] 如今我们在这些类别中所看到的例子只是冰山上最吸引人的一个尖端，要想完全实现，还需要经年累月的时间和许多个体技术的创新。

事实上，类元宇宙体验是唾手可得的果实。如今，利用现有的硬件和网络连接就可以相对容易地获取类元宇宙体验，而且它们的使用也比较广泛（见图 1.2）。类元宇宙体验既是培训车轮，也是通向日后全面发展的元宇宙的匝道。类元宇宙体验既能教会人们通过数字或物理融合可以创造出哪些独特而神奇的体验，也能让人们知道该如何获取和享受这些体验。同样重要的是，通过观察现阶段的成功经验和失败教训，我们能够推断出哪些因素对于未来构建有用的、相关的和令人叹服的元宇宙体验最为重要。

我们会发现，有许多令人惊讶的体验，尽管它们在技术层面上因缺乏实时的双向信息流而被归为类元宇宙，但确实符合我的元宇宙标准，即通过提供与其他现实的神奇连接，实现数字化并解决现实问题。仔细斟酌的话，有些体验即使与外部缺乏实时联系，也能在你和另一个世界之间架起有意义的桥梁。

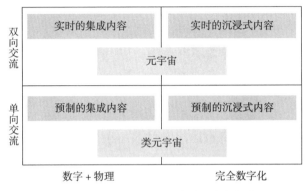

图1.2　互联现实的元宇宙与类元宇宙类别

全都是真实的

如今很多数字世界和体验都声称是元宇宙的一部分，之后我们会逐个研究，看看它们各自解决了什么问题，以及它们如何在未来为一个更大的、更统一的元宇宙做出贡献。（换句话说，哪些"现实"将会"互联"。）在开始研究它们之前，我还想强调最后一点。

你可能没有注意到，每当我谈及我们周围的真实世界时，我总是称它为"物理世界"，而不是"真实世界"。原因很简单：数字体验也是真实的。

当我在 RAUM 的虚拟会议室里用幻灯片做演示时，即使观众是一群数字化身也没有什么不同——我仍然是在向观众做讲演，我对这一事件的记忆与在办公楼的会议室里用幻灯片做演示的体验没有什么区别。如果观众中有人无礼地打断了我的讲话，那在两种情况下同样都是无礼的。在 Meta 的《地平线世界》（*Horizon Worlds*）

中，如果有人挤过来离我的头像很近，就会像在拥挤的地铁里有人离我太近一样，也让我感觉受到侵犯和干扰。不只是我——有这种感觉的人不在少数，因此促使地平线世界和其他 VR 聚集场所现在都制定了类似 Meta 的个人边界这样的管理措施，防止其他化身离你的化身过近。

事实上，因为在数字世界中的体验太过真实，以至于许多情侣是在 VR 空间中邂逅彼此的化身后坠入爱河的，HBO Max 出品的热门纪录片《我们在 VR 中相遇》（*We Met in Virtual Reality*）就充分体现了这一点。

数字世界的"真实性"并不局限于人与人之间的接触。在拥有极具魅力角色的 VR 游戏中，我曾多次惊讶地发现，即使游戏已经结束，我仍然怀念与他 / 它们共度的时光。我在两个版本的《小老鼠莫斯》游戏中都有过这样的经历，在游戏中我会与一只非常讨人喜欢的小老鼠奎尔（Quill）一起工作——这并不奇怪，因为奎尔实在是太可爱了，每当我们一起解决了一个特别棘手的问题后，它就与我击掌庆贺，让人觉得成就感十足。我在玩《崔弗拯救宇宙》（*Trover Saves the Universe*）后也有过这样的体验，这确实让我始料未及，因为崔弗这个角色的嘴巴太臭了，我每犯一个愚蠢的错误，他就会骂我是一个白痴，以至于我没有意识到我对他动了感情。嗨，我还能说什么呢——他真给我逗乐了！

关于数字世界的"真实性"，我所能列举出的最好例子也许就是让人产生恐惧的 VR 情境。《半条命：爱丽克斯》（*Half-Life: Alyx*）发布时，我和 VR 游戏界的其他人一样兴奋。这是于 2018 年推出的一款渲染精美、极具吸引力的游戏。但我玩到一半就不得不停下了，因为在数字世界里被僵尸般的人类攻击让我深感恐惧，因为无法在数字世界里快速给虚拟僵尸扫射枪上子弹，导致我在现实世界里的手抖得厉害，最后只能一次又一次地在游戏中被杀。我也不玩VR版的《西部世界》（Westworld）了，因为一旦被抓住，尽管这发生在数字世界里的我身上，我仍有喉咙被割断的感觉，这种感觉让我极其难受。[15] 正如我们将在后面的章节中讲到的，数字体验确实足够真实，如果应用在缓解恐惧症和其他可衡量的健康项目中是没什么问题的。

无论事情是发生在物理世界还是数字世界，或者两者的混合体中，都是真实的。常言道：感知到的就是真实的。下次当你谈论"真实世界"时，尤其是当你想将物理世界与数字世界进行对比时，请记住这一点。

现在，我们来仔细看看已经存在的数字世界，以及它们都创造了什么样的现实。

第二章

社交元宇宙

> **目的**：在数字环境中与他人见面，进行社交、教育和参加共同的活动
>
> **解决的问题**：破除物理位置的限制，让你展示身份，并且加入自己选择的社群，还能穿上漂亮的衣服
>
> **主要的访问方式**：消费级 VR 头显设备、个人电脑、智能手机
>
> **对元宇宙之外的贡献**：与他人建立有意义的联系，证明需要"参与规则"来阻止不良行为，创造新世界并保护可能消失的世界的能力

目前，与广义的"元宇宙"最为密切相关的数字体验主要有两大类：VR 社交元宇宙空间，如《VR 聊天室》和《地平线世界》，以及基于台式电脑的 Web3 元宇宙空间，如《创世纪城》和《沙盒》游戏。（我将分别讨论这两类，因为正如我们将要看到的那样，它们之间确实截然不同。）但元宇宙并非只有这两种类别，还有在《堡垒之夜》和《罗布乐思》（Roblox）等游戏世界中发展起来的游戏元宇宙[1]以及由健康、服务提供和社会公益等领域的应用程序创建的专门用途元宇宙。此外，我们还可以看到专为企业应用而创建的单独元宇宙类别。它们与普通元宇宙的关系就像企业内部网与全球互联网的关系一样——尽管彼此独立，但在为运营它们的企业提供关键服务时显得至关重要。最后，还有 AR 的类元宇宙类别，它目前独立于元宇宙，但未来对元宇宙会越来越重要。

我们花些时间来了解一下，这些元宇宙和类元宇宙类别目前由哪些内容组成，比如每个类别都能解决什么问题，在什么硬件上运行，以及对于在未来建立一个更统一的元宇宙可以贡献哪些活动、价值观和期望。一旦明确了这些，我们就有了观察的基础，看看这个世界会如何演变，以及促成演变的最重要的引擎是什么。

走进新世界

当人们戴上 VR 头显时，社交元宇宙通常是他们体验的第一个完全沉浸式的元宇宙。前面提到的《VR 聊天室》《地平线世界》VR 教育培训平台 Engage 和《娱乐室》（Rec Room）都是这方面的头部平台。这些都是发展比较成熟的元宇宙，其特征是在沉浸式的互动环境中与其他人进行实时双向交流。你既可以戴上 VR 头显，也可以通过台式电脑或智能手机的二维屏幕来访问所有这些游戏。《娱乐室》是支持访问平台最多的应用，可通过安卓、iOS、Windows、Xbox 和 PlayStation 以及大多数 VR 头显进行访问。

在所有这些数字空间中，当你第一次进入时，系统会提示你创建或导入一个化身，它将成为你在空间中的数字具象。在这一点上，个人喜好各不相同——你可以选择在不同的世界中使用不同的化身。也许你在 Engage 中看起来很职业，但在《娱乐室》中则显得邋里邋遢、街头味十足。或者你也可以使用像 Ready Player Me（一个头像化身平台）这样的服务，让你在越来越多的热门平台上重复使用你最喜欢的化身。由于最常见的 VR 头显只知道你的头在哪里，而 VR 手柄也只知道你的手在哪里，因此，目前这一代的很多化身都没有腿。当你接触到更高端的 VR 硬件时，这种情况会有所改变，我们稍后会看到。但现在，你要准备好在许多 VR 社交元宇宙中做一个有头有手的飘浮躯干。

选定好上半身的样子之后，你就可以选择要加入数字世界中的哪个房间了。每个平台的机制略有不同，但总的来说，你会看到一个任何人都可以参加的公共活动列表，以及一个必须有邀请函才能参加的私人活动列表。选择一个活动，你就会被传送到活动所在的房间或空间。进入房间后，你可以参加任何活动。如果是演讲活动，你可以坐在或站在观众席上向演讲者提问。在许多平台上，你可以举手示意，就像在现实世界中一样。也可以用头上的表情符号代替面部表情或肢体语言，对别人所说的话做出回应。之后，你还可以和人们交际应酬，就像在现实世界中一样。与其他场所相比，Engage、Virbela 和 Spatial 一类的场所往往更注重商务，在许多情况下，聚会都带有很强的目的性，要在特定的房间、特定的群体中讨论特定的话题。

《VR 聊天室》《娱乐室》和 Meta 的《地平线世界》则更注重漫游和探索。你不会从一开始就进入一个私密场所，在那里独自阅读一份满是文字的列表。相反，你会被丢进一个人满为患的中央区，在那里你可以四处游荡，寻找通往其他世界的入口。这些世界由其他人创建，而且偏好使用视觉图片而不是文本来做宣传。这些世界可以非常精致——比如，我在《VR 聊天室》上和朋友打过保龄球，还在《地平线世界》上和陌生人比赛射箭。这些世界强调的是偶然发现新的地方、邂逅新的人以及享受乐趣。

社交元宇宙解决了哪些问题

尽管这些活动听起来很简单，但其实它们一次性解决了好几个问题。

物理位置

其中最明显的一个就是物理位置问题。

如果我想和在世界上其他地方生活的朋友共度一段时光，无论对方在堪萨斯城（Kansas City），还是坎特伯雷（Canterbury），在VR 社交元宇宙空间中见面确实能给我一种和他们在一起相处的感觉，这远比打一通电话或者在 Zoom 上通话要好得多。

当你们的数字化身在同一数字空间里动起来，也就是一起做一些事情的时候，比如在想办法捡起一颗保龄球，或者一起穿着节日服装在虚拟"火人节"（Burning Man）上跳舞。这些都会给你一种现场感，一种真实的见面感，一种无法从 2D 屏幕上获取的感觉。

值得一提的是，还有其他几个身临其境的世界专注于把人们聚到一起，包括 Bigscreen（一个 VR 社交平台）和 Meta 的地平线虚拟家园（Horizon Home）。虚拟游戏 *Half + Half* 尤为关注家庭和儿童，而 AlcoveVR 则专为家庭创造一个舒适的空间，让人们可以与住得太远、无法经常亲自探望的年长家人一起相聚，分享回忆和玩游戏。vTimeXR 为聚会增添了一个维度，即提供充满异国情调的3D 环境。如果你想与远方的朋友在日本花园或巴厘岛海滩上相聚，vTimeXR 就可以是你们的 VR 旅行社。在 Wooorld 里，当人们围绕在某个物理位置的 3D 地图周围时，既可以共同回忆过去的旅行，也可以共同计划一场新的旅行。

身份

社交元宇宙解决的另一个问题是身份问题。在 VR 世界里，你可以随心所欲地选择任何化身来代表自己，不用非得长得像你本人。如果现实中的你身上有任何可能被别人有意无意评头论足的地方，比如性别、残疾、身高、体重、年龄、肤色、鞋码、出生地等，那么这将是一种极大的解放。一位 18 岁的韩国女性在最近一次关于元宇宙的采访中说道："这个化身的某些部分反映了真实的我，而有些部分则没有。在现实生活中，我很容易发胖，但在元宇宙中，你可以自由选择自己的身材。"[2]

你可曾好奇，如果你不是物理世界中的你的话，人们会怎么对待你。如果你想知道的话，现在机会来了。[3] 即使你只是想尝试不同寻常的发型，或不同于物理世界中的穿衣风格，元宇宙也可以让你有机会在他人面前展示你自己真正希望被看到的样子，而不被你天然的身体所限。调查发现，52% 的 Z 世代人（出生于 1995—2010 年）表示，在元宇宙中，身份选择的自由，抑或突破身份限制的自由，在很大程度上给予了他们一种"更自我"的感觉。[4] 最近，一位 18 岁的美国女性这样说道："我觉得线上的我更擅长表达自己。我喜欢战斗造型，因为在人们眼中，我是一个战士，很强壮。这让我感到平等。"[5]

许多人在使用化身而不是可识别的实体的自我时都会感到自

由，但这种自由也有弊端，那就是有时人们会觉得这样可以肆意妄为。（这就是在各种空间中个人边界如此重要的原因。）比如，有一次我在一个元宇宙平台上听了一场关于计算机的未来的演讲，在长达半小时的精彩演讲结束后，演讲人让听众提问。她叫到的第一个人，是和我隔了三个座位的一个化身，整个演讲过程中他一直在听，但被叫到时却喊着："哔！哔！哔！"然后就从房间里消失了。等了半个小时，难道就是为了说一句难听的话，吓人一跳，然后就跑了？

我之前参加过很多活动，都没遇到过脏话连篇的人。一方面，当每个人都戴上面具时，会激发一些人破坏规则的胆量，这是消极负面的。另一方面，也会赋予人打破规则的勇气，这便是非常积极正面的。在最近的一次采访中，一位来自阿联酋的 20 岁少女很好地概括了元宇宙赋予她的自由和勇气，她说："你可以忘记与人交谈时的焦虑，在线上要轻松自在得多。自己为自己创造房子、世界、人、家庭和朋友，这种感觉太自由了。"[6]

也有很多人希望自己在元宇宙中的形象与在现实世界中一模一样，尤其是出于商务或职业的考虑。Meta 公司正在开发所谓的 Codec Avatars 2.0，它利用多重神经网络，只需要智能手机的面部扫描、实时眼球跟踪和语音输入功能相互配合，就可以生成拟真的 3D 化身。虽然我们不知道何时才能实现这一目标，但一位参与该项目的人员在 2022 年 5 月评论道：这个目标曾经看起来"距离实现还差十个奇迹"，但现在看来只差"五个奇迹"了。[7]

好看的衣服

看见和被看见是虚拟世界的必要功能，所以追求好看也就不足为奇了。令人欣慰的是，在虚拟世界比在现实生活中更容易打扮得漂亮，我们之前提到的那位因自己能有更纤瘦的化身而感到开心的韩国女士就暗示了这一点。另一位韩国女性这样描述在数字世界中装扮自己的迷人之处："你可以在元宇宙中买到比现实生活中便宜得多的衣服，而且你可以穿上平时不穿的衣服，这会让你感到很满足。"[8] 装扮自己和运用化身的身体特征去表达身份是两个不同的话题。你选择的衣服可以表达时尚、生活中的角色、异想天开的观点，或者对你来说重要的宣言。例如，穿着蓬蓬裙的大猩猩化身与穿着作战服的大猩猩化身散发出的气质会完全不同。

随心所欲地装扮自己的化身带来的满足感，甚至足以激发非沉浸式的元宇宙模式，例如韩国电信公司 SKT 开发的 Ifland。这是一款基于智能手机的安卓应用程序，你可以在 Ifland 中创建一个化身，然后进入屏幕上的虚拟房间，在那里你的化身可以与其他化身互动。Ifland 的主要活动就是看社交视频，这些视频会在虚拟房间的墙上播放。这就像用智能手机看 YouTube 或 TikTok 里的视频一样，这是目前世界上大多数青少年最喜欢的消遣方式，只不过你是在和其他化身一起看视频、发评论，而且你们的衣服、妆容和发型都比现实世界中的更好看。在这些数字天堂里，你可以穿上品牌的前沿时装，也可以打造自己的造型，引领自己的时尚潮流。房间里的其他人和视频一样，都是你注视的对象。

你也许觉得不可思议，让大家通过化身来展示惊艳形象，是世界上最受欢迎的元宇宙平台——韩国的崽崽（Zepeto）的核心驱动力。[9] 这个以智能手机和台式电脑为载体的虚拟世界在全球拥有超过 25 亿个人用户，其中 70% 为女性。Zepeto 的用户可以设计服装、销售服装，或构建场景，让他们可以与朋友和陌生人互动。但 Zepeto 不属于 Web3［即不涉及区块链或不可兑换代币（NFTs）］，也不是沉浸式的，只因其核心——"化身与化身"之间的互动足够强大，强大到足以让 3 亿用户日复一日地光顾。其中一项主要互动形式就是与朋友自拍，这当然得穿上超迷人的服装，摆出各种抓人眼球的姿势。关键是，你可以与任何朋友的化身自拍，这些朋友也包括名人。爱莉安娜·格兰德（Ariana Grande）、赛琳娜·戈麦斯（Selena Gomez）、防弹少年团（BTS）和粉墨（Blackpink）的头像都会挂在 Zepeto 上，等着与你合影——所以你在见到他们时最好穿得漂漂亮亮！[10] 让人开心的是，耐克（Nike）、古驰（Gucci）和拉尔夫·劳伦（Ralph Lauren）等名牌服装在 Zepeto 也都能买到，而且价格实惠，因此让自己永远紧跟潮流从而获得满足感就变得触手可及了。

虚拟社群

社交元宇宙空间可以消除物理距离，允许人们选择任何自己期望被看到的方式展示自己，因此非常有利于组建社群。我参加的 Bookflow 是一个每周活动一次的读书俱乐部，主要探讨人类发展与技术的未来可能性。带头人迈克尔·莫里西（Michael Morrissey）为这个俱乐部在 Spacial 中创建了一个 VR 聚会场所，里面摆放着成堆的书籍，都是我们以前读过的书。[11] 因为我们也在 Zoom 上见面，所以我知道大多数俱乐部成员现实中的样子，而且他们选择的化身形象也或多或少能透露出自己的个性。在这个社群里，大多数人和他们在现实物理世界中的样子非常贴近，尽管在 Spacial 中我们看起来都年轻得多。（包括我自己！）

在光谱的另一端，有围绕 VR 角色扮演概念而形成的高黏性社群。很多世界由这类社群组建而成，包括 *Fractured Thrones*、*Neon Divide* 和 *Aether Chronicles*，都是在 VRChat 中精心构建的。每个世界都有一个由地下城主创造的故事，把角色分配给各种已知的角色，而这些角色都是由现实世界中扮演这些角色的人长期塑造出来的。这是一种大规模的沉浸式体验——玩家不仅沉浸在故事的数字世界中，而且还在有意识地打磨和扮演角色。无论角色扮演中发生了什么，他们都会守住自己的角色。虽然在最复杂的故事中扮演主角的都是在 VR 角色扮演界中站稳脚跟的玩家，但社群也非常欢迎新玩家进入。*Purple Lotus* 专门设有工作人员帮助新手了解社群的来龙去脉，并培训新用户学会如何参与不断演变的故事。你可以从 NPC（非玩家角色）开始玩起，相当于在背景中跑龙套，然后逐步成长发展。当你投入时间创造、具化出一个独特的角色，并为整个环境注入了新鲜血液后，就成长了一大步。VR 角色扮演游戏的忠实爱好者们对他们的世界、他们的角色职业以及社群中的其他人都充满热情，即使他们仅仅在匹配了假定声音和特定肢体动作的角色身份之下遇到过。

由于 VR 角色扮演的核心是创建角色，因此在这个世界中，我们会遇到一些人，他们在技术层面走得更远，他们将全身追踪技术作为 VR 体验的一部分。这就需要拥有比 Meta Quest 2 更高端的 VR 头显，如 HTC Vive 或 Valve Index，通过线缆连接到高规格的游戏笔记本电脑，价格大约是 Quest 的三倍。此外，玩家还必须在关键关节（一般是臀部和脚踝）上安装 Vive 跟踪器（直径约为 10 厘米的圆形定位器），这样 VR 空间角落的外部传感器就能检测到玩家的全身运动。一旦这些都就位，VR 不仅能捕捉到你头部和手部的运动，还能捕捉到你身体运动的一切。算法会计算肘部和膝盖等没有定位器的身体部位的大概位置。（不过并不总是正确的，结果有时候会很滑稽，有时候也令人惊恐。）[12]

对于 VR 角色扮演的玩家来说，额外花费的每一分钱以及为了更高的配置而额外花费的每一分钟都不冤枉，这些努力物有所值，因为他们能够更真实地用肢体和声音来表达角色。这样做会带来令人惊讶的效果——拥有额外的肢体动画，再加上更高规格的头显带来的更高级别的渲染，使得 VR 角色变得极其生动、即时、人性化，相比之下，其他世界中的化身就显得像木偶一样。

除此之外，你还可以跳舞！全程都在 VRChat 中完成拍摄的 HBO Max 出品的纪录片《我们在 VR 中相遇》中，受访者几乎无一例外，都是爱上对方全身化身的情侣。即使你看到的是一个理想化的化身面孔和身体，你仍然能听到他们真实的声音，看到他们真实的肢体动作，这些信息足以成为你和另一个人之间建立真正联系的基础。正如一位接受过 Metaverse 主题采访的 Z 世代人士所说："我最喜欢的就是社交方面……它把社群的联系感激发了出来。这不是某个西装革履的人在会议室里命令我们应该玩什么，而是一个靠用户自身来驱动的游戏。"[13]

珍藏过去

或许，使用民主化的力量在数字世界中创造新世界的最有意义的方式，是由那些无意创造新世界、而是在重建失去的世界的群体来呈现。马尼托巴·阿尼西纳比部落（Manitoba Anishinaabe）的群体在《我的世界》（*Minecraft*）游戏平台上创建了 Manito Ahbee Aki，即"造物主坐落的地方"，旨在打造一个"有趣的、引人入胜的世界，（访客可以）在这里深入了解真正的土著经验和视角"[14]。从某种意义上说，阿尼西纳比数字世界呈现出了欧洲殖民化之前的时期，相当于还原了一个完全土著的环境来传授文化、知识和传统。

同样，科罗拉多州的部落群体合作开展了 VR 项目"共振"（Resonant）。该项目将历史和文化层层叠加在梅萨维德国家公园（Mesa Verde National Park）阳台屋的 3D 捕捉模型之上。[15] 由部落成员来讲述这种身临其境的体验，使用特瓦语（Tewa）的口述事例以及霍皮族人（Hopi）和其他族的故事，将古老遗址与遗址利益相关者和当今后代的生活经历结合在一起。访问这两个虚拟土著遗址更像是与一种文化的联系，而不是与另一个人的直接联系，但其目的是通过更充分地了解其他群体的文化和历史，来增进人与人之间的同理心和联系。

图瓦卢（Tuvalu）是太平洋上一个拥有 1.2 万人口的岛国，由于受到海平面上升的威胁，预计到 21 世纪末将被完全淹没。图瓦卢的领导人除了要解决最坏情况发生时图瓦卢公民的去向问题外，还呼吁创建一个基于元宇宙的图瓦卢副本，以便永远保存这个地方及其文化。[16] 2022 年 11 月，图瓦卢司法、通信和外交部长西蒙·科菲（Simon Kofe）在 COP27 全球气候大会上发表的演讲让人心有余悸。在他的讲述中，一个起初看起来像是现实中的小岛，但很快就被证明是一个小岛的数字副本，而这个小岛即将永远消失。他最后说："今天，我们必须挺身而出，迎接气候挑战。否则，在有生之年，图瓦卢将只能存在于这里。"[17]

这种感觉令人心碎，让人想起世界电视史上最棒的剧集之一，即 1992 年播出的《星际迷航：下一代》（*Star Trek: The Next Generation*）中标题为《内心之光》（*The Inner Light*）的情节。在这一集中，企业号（Enterprise）舰长让·卢克·皮卡德（Jean-Luc Picard）被一艘无人驾驶的外星飞船发出的能量光束击晕。当他醒来时，发现自己生活在一颗未知的星球上，那里的文化充满和平与艺术的气息。由于无法离开这颗星球，他最终在那里生活了 40 年，成为社会中活跃的一员，并学会了吹长笛。当他因年迈走向生命尽头之时，爱他的家人陪伴左右，他终于被告知，这颗行星注定要被不断膨胀的太阳毁灭，而他则是被这颗行星送往太空的探测器（mindray）选中的目标，以确保宇宙中至少有一个人在这颗行星消失之前还能对这个地方及其文化保有记忆。皮卡德醒来后发现，他在企业号上的生命其实只过去了几分钟。但他现在已经是吹笛子的行家里手，而且永远不会忘记他在创造性的宁静世界中度过的第二段平行时空人生。

元宇宙中的社群场所能够捕捉并保存那些在物理世界中已不复存在的地方和文化，包括其中产生的爱、欢乐、成就和独特的世界观。对于元宇宙社群空间来说，这更具有深远的意义和影响，而不是仅仅作为一个炫耀最新款古驰球鞋的好地方。在未来，我们不需要外星人异能就可以去访问图瓦卢、梅萨维德，我希望能拜访更多鲜受关注的地方和民族。

品牌体验

前面我们分析的社交元宇宙空间都是主要由个人社群和用户所创建或占据的。除此之外，还有大量由公司实体开发的商业用途的社交元宇宙体验，用于品牌推广和客户心智共享。这些由外部赞助的社交元宇宙场所大多可以提供一个与他人见面的地方以及某种品牌体验。其中的佼佼者会有不同寻常的转变，给人们带来惊喜和愉悦的同时，也提供了一个闲逛的地方。比如 Nope World，它于2022 年乔丹·皮尔（Jordan Peele）的电影《不》（Nope）上映的时候在《地平线世界》上推出。Nope World 由基于电影《不》和早前的《逃出绝命镇》（Get Out）的视觉效果和互动游戏改编而成，其设计目的不仅是给皮尔的影迷们提供一个重温这两部电影中恐怖诡异场面的地方，也给影迷们提供了一个聚在一起各抒己见、分析电影中到底发生了什么的场所。这个场所包含大量的彩蛋，但重要的是，没有剧透。

2022 年曾有一场令人意想不到的并置主题活动。麦当劳为庆祝中国虎年的到来，在 Spatial 里制作了一个生肖 VR 厅。那是一个很大的礼厅，以巨大的老虎雕塑为主，伴有 12 个独立的壁龛，每个壁龛代表一个中国生肖。每个壁龛里都有一个小一些的生肖雕塑，对应面板上用文字写着该生肖的来年运势。刚到大厅的时候，我径直去看了蛇，因为这是我的生肖。我全神贯注于自己学到的东西，以及从整个体验中了解到的关于生肖的知识，以至于我把我所有家人的生肖运势都看了一遍，然后又查了我所有知道出生年份的朋友们的生肖运势。这之后，我又发现每个生肖雕塑上都有一个小小的麦当劳挂件——比如蛇尾巴上挂着一袋小小的金色薯条。这让我不得不回去把全部 12 个雕像又看了一遍，试图找到每个雕像上的挂件。再之后，我发现展馆后面还有一个阳台，从那里可以向空中放飞发着光的孔明灯。最终我在这里逗留了一个多小时，之后还推荐给许多 VR 玩家朋友。麦当劳和中国春节之间并没有显著的联系，所以我想，麦当劳是想靠它走进全球华人社群，但这是题外话了，无关紧要。重点是，我经历了一次令人陶醉、引人入胜的体验，更深入地了解了一种不属于我自己的文化。因此，我对麦当劳的印象也有了很大的提升，因为麦当劳花时间为我提供了这样一个世界供我探索。品牌参与度、品牌知名度、品牌忠诚度——所有这些都能通过精心打造的麦当劳元宇宙中的场景和体验得到提升。

虽然我很喜欢麦当劳的体验，但对我个人而言，最有意义的品牌社交元宇宙体验是加奈儿·梦奈（Janelle Monáe）于 2020 年在 VRChat 上举办的一场演唱会，与 HBO 的系列剧《恶魔之地》（Lovecraft Country）联名举办。这是 HBO 电视网（Home Box Office）推出的一系列与《恶魔之地》相关的 VR 体验活动中的最后一场。即使在多年之后的今天回想起来，仍会让我激动得起鸡皮疙瘩。加奈儿在一个超凡脱俗的舞台上化身为一个雕像般的、女王般的形象，我们所有的观众都围着她跳舞。她唱着，说着一些关于参与和赋权的话语。作为一个化身出现在那里，周围环绕着其他银河般的化身，让我更容易忘记现实中的日常生活，因此也更能真正领会加奈儿·梦奈鼓舞人心的话，并真正去思考这些话对我的意义。相比在 YouTube 上观看同样的活动，身临其境的化身让我的意识感和接受度都得到了提升。演唱会结束时，我因这一切的美好而热泪盈眶，也因她话语的力量而感到灵魂中焕发出了新的力量。

HBO 电视网显然在他们的《恶魔之地》系列活动中进行了 VR 尝试。另一个大胆的社交元宇宙实验来自剧团 The Under。2020 年 7 月，The Under 剧团与开发商 Tender Claws 合作，推出了由演员驱动的莎士比亚戏剧《暴风雨》（*The Tempest*）的现场互动表演，每次最多可容纳 8 名观众。演出是在 Oculus Quest 的专用应用程序中进行的，必须提前购票，每张票 15 美元。当演出开始时，观众的化身会在虚拟剧院大厅与现实世界中的演员化身见面，然后演员化身会将观众带入一系列虚拟世界，这些虚拟世界代表了剧中的各个场景。演员扮演主角普洛斯彼罗（Prospero）（满怀激情！），并指派不同的观众扮演其他不同的角色，这就需要与其他观众以及剧中的虚拟世界进行大量互动。观众没必要了解《暴风雨》的情节。如果体验到最后发现并不完全是莎士比亚式的，那就更有趣了，特别是当天的表演完全取决于演员的突发奇想。我非常喜欢这样的演出，因此参加了多场，每次都有截然不同的体验。当演员了解到观众是谁以及他们能做什么时，感觉成了实时创造的东西的一部分，几乎是在飞行中创作，令人激动、大胆而又壮观。为推动这些表演的演员们点赞！这是一种全新的参与式戏剧，我希望我们能看到更多；看别人扮演米兰达（Miranda）与自己扮演米兰达是截然不同的。

渴望参与其中，而不仅仅是被动观看，是许多粉丝在社交元宇宙中构建环境的重要驱动力。当电视剧《鱿鱼游戏》（*Squid Game*）在 2021 年达到人气顶峰时，其中关于玩童年游戏并带来致命后果的概念在社交元宇宙中流行起来。当然，致命性对化身来说只是暂时的。例如，开发商 Soaring Roc 制作了《鱿鱼游戏》的"红灯 / 绿灯"（Red Light/Green Light）游戏的非官方多人版本，可以通过 Sidequest 在 Oculus VR 头显上访问。Sidequest 是一个访问 VR 应用程序的平台，这些应用程序尚未被 Meta 批准纳入官方 Quest 商店。所有看过《鱿鱼游戏》的人都想知道自己在这种情况下会做得如何，而在元宇宙中重现剧中的游戏正是解答这一疑问的最佳途径。

你好？这里有人吗？

吸引最多用户和最多回头客的社交元宇宙场所，似乎都像 Zepeto 一样，让新内容的创作变得异常简单。Rec Room 自 2016 年推出以来，已有 7 500 万独立访客，在这方面表现出色。令人震惊的是，该平台上的创作者所创建的房间"比苹果公司在 iOS 应用商店里的应用程序还要多"，而且他们可以通过出售访问权限、房间内物品甚至货币从其他用户那里赚钱。Rec Room 仅在 2022 年的第一季度就向创作者支付了一百多万美元。[18] 我们会在后面的章节中详细介绍创作者经济。

然而，并非所有社交平台都如此成功。2022 年 10 月泄露的 Meta 内部文件显示，虽然 Horizon Worlds 确实为游客提供了构建自己的体验的工具，但真正这样做的游客不足 1%。即使在已经建成的世界，其中也只有不到 10% 的用户在其整个空间生命周期内被五十多个人访问过。[19] 正如一份内部文件直截了当地指出，"一个空荡荡的世界是一个悲哀的世界"。与 Rec Room 相比，也许最糟糕的是，用于奖励创作者努力的货币机制，当时在全球范围内产生的奖励报酬还不到 500 美元。

这太可怕了。由于不了解 Rec Room 和 Horizon Worlds 的实际工具、支付机制或创作者体验的来龙去脉，我无法评论是否存在某些差异导致参与度出现了巨大差距。尽管 Rec Room 可以在台式电脑上广泛使用，而 Horizon Worlds 目前只能通过 VR 头显使用，但这也不是问题的答案——VRChat 也是一种仅限 VR 的体验，但却拥有非常活跃的社群和创作者。

不管 Horizon Worlds 最终会面临怎样的挑战，在我经历过的其他一些不成功的社交元宇宙场所中，存在的问题显而易见。这些网站大多属于"为夸耀某机构而创建的世界"，而且大多基于台式电脑。最乏味的事情莫过于下载一个（通常相当大的）文件，等待它启动，然后用方向键引导你的化身在一个房间或一系列房间中穿梭，而这些房间里唯一的内容就是文字、视频或物品，来庆祝创建它的机构所取得的成就。这有些无聊。如果我想了解这个组织，我完全可以通过阅读网站上的要点信息更快地获取同样的内容，而把它放在"元宇宙"中，得靠耗时又笨拙的化身导航后才能访问每个信息块，这纯属是浪费我的时间。

我不是要挑欧盟的毛病，但它于 2022 年底推出的旨在突出欧盟全球门户投资计划（Global Gateway Investment Plan）的全球门户元宇宙（Global Gateway Metaverse），就是前面这种空间的完美范例。它重点关注的是创建它的机构，而不是终端用户的体验。以下是 Devex.com 网站报道的一些亮点：

有关欧盟发展合作的故事在不同场所中的视频屏幕上播放。24 小时海滩派对……海豚在空中跳跃。无人机在空中盘旋，多个屏幕上闪烁着"教育""公共卫生"等字样。[20]

这个空间本应鼓励青年与会者就宏观话题展开讨论，但很显然，"与其他化身挥手致意和跳舞要比开启一段对话容易得多"。这说明欧盟更注重宣传自己的故事，而不是建立实际的人际交往机制。当他们举办开幕晚会时，仅有六个人参加。[21]

与这种以自我为中心、自利的——最终是一无所获的——空间创建相比，我在麦当劳的中国春节体验空间中，愉快地花了一个小时去探索与麦当劳无关但却与我相关的信息。麦当劳自己的产品只作为彩蛋出现，其奇特的摆放方式鼓励我去寻找它们，紧凑的环境下载起来也很快，导航也很简单。我在询问别人如何点亮灯笼时发现，当时除我之外还有二十多人在那里，与他们交流起来十分方便。

总之，社交元宇宙似乎在以下情况下效果最佳：

• 奇妙的（麦当劳世界里的孔明灯很美）。

• 互动的（同上）。

• 与访问者相关或让访问者感到有趣的（确实如此——你的机构的产品或成就都不是）。

• 易于访问和浏览（我已经厌倦了在元宇宙中移动我的化身时撞到毫无用处的虚拟家具，或者在被迫穿越不必要的漫长数字距离时感觉自己的生命在时钟嘀嗒声中流逝）。

- 有效地实现访客之间的互动和对话。

很显然，那些专注于解决用户问题（消除人与人之间的物理距离、提供惊艳的数字服装、告诉我生肖的来年运势）的元宇宙才是成功的，而那些专注于解决自身问题（知道我们公司的使命的人不够多！）的元宇宙便是失败的。因此，我给麦当劳打满分，给欧盟的首次尝试打 0 分（满分 5 分），也给我遇到的许多其他类似的公司创建的蹩脚元宇宙打 0 分（名字就不提了）。不过，现在还早，我们都在学习。也不是所有在 1995 年推出的网站都做得很好。

社交元宇宙是一套宽泛的数字体验，包括沉浸式和非沉浸式体验，发生在各种平台上。之所以能将这些融合在一起，是因为它们有能力把人与人之间、人与地点之间、人与经历之间，甚至人与消失已久的过去之间联系起来。

最重要的是，社交元宇宙对于人类具有深远的意义，它消除了距离和时间的障碍，解决了各种脱节问题。当它把人们聚集在神奇的互动环境中时，就会腾飞；而当它只充斥着自说自话的内容时，就会砸锅。这些内容还是放在网站上以文本的形式呈现更有效。所以在我们开发这些新技术和新空间时，重点要记住，元宇宙并不能解决所有传播难题，但对于那些适用的问题，它有能力创造出令人难忘的绝妙体验，让受众一次又一次地回归。

第三章

健康元宇宙

> 目的：自我提升，在身心两方面取得积极成果
>
> 解决的问题：在不受评判的环境中强健身心，与更多志同道合的人参与活动
>
> 主要的访问方式：消费级 VR 头显
>
> 对元宇宙之外的贡献：元宇宙作为一个有效的工具，能为人们创造出改变生活的积极体验，进而实现自我完善和自我实现

在本章和下一章中，我们将分别探讨可以通过消费级 VR 头显访问的三个领域，其中包括不同程度的人、地点和事物之间的联系。这样来讲似乎它们大致相同，但实则不然。这三个领域——健康元宇宙、社会公益元宇宙、服务元宇宙的不同之处在于各自的目的，以及由此产生的以不同方式对人们现实生活产生影响的潜力。先从我所说的健康元宇宙讲起，健康元宇宙包括身体健康和心理健康。

实际上，正是 VR 的健身功能促使我在 2018 年买了第一台 VR 头显。在一次通信大会上，我体验了一款突破性的骑行应用 VZfit。我骑上一辆固定好的健身自行车样品，然后戴上 VR 头显，将自己置身于一场坦克大战之中，我就是其中一辆坦克。我可以通过倾斜头部来控制驾驶方向，按下车把上的按钮就能射击，而我的坦克移动速度则由我踩踏自行车的速度控制。神奇的元宇宙令我大为震惊——它简直好玩得令人难以置信！我在展会大厅中央玩了足

足 30 分钟，才不情愿地从自行车上下来，让给其他人玩。"你根本意识不到自己在健身"这一 VR 健身的关键因素发挥了作用。在那里，我穿着好看的会议商务装，却惊讶地发现自己已被汗水完全浸透了。我简直笑得合不拢嘴！

我从来都不是什么超级运动健将，但我确实很喜欢玩游戏。我当下就意识到，VR 健身让我有生以来第一次喜欢上规律的、剧烈运动的东西，事实也的确如此。在我买了 VR 头显和健身车，开始每天使用 VZfit 和 Supernatural 后，我足足瘦了 9 公斤。这又是一次神奇的体验！

身体健康：在元宇宙中强身健体

如果从未尝试过，你可能会认为在 VR 中锻炼会很不方便，甚至是不可能的。头上顶着一个电子设备匣子，你怎么可能真正运动起来？（对于一款专门为健身而设计的应用，这不是问题。）头显不会被汗水浸湿吗？（嗯，会的，但在 VR 头显与脸部接触的泡沫上面套一个橡胶防汗罩就可以解决这个问题了。）你不会撞到家具吗？（老实说：有时会！）令人惊喜的是，使用 VR 进行体育健身不仅可以实现，而且还非常有成就感，因为 VR 运动一次性解决了与健身相关的好几个问题。其中最主要的三个是：便利、消除自我察觉和足够有趣。

对许多人来说，自己在家戴上 VR 头显，对着一个目标或打拳，或挥剑，或下蹲，或弓步躲避障碍物，或骑自行车环游世界，这些远比用传统方式健身容易得多。用 VR 健身，你不必浪费时间开车去健身房。如果你对自己的身体有任何不自信（谁不是这样呢？），用 VR 健身，不仅别人看不到你的身体，甚至连你自己都看不到，这会给你带来一种自由的感觉，让你加倍专注地投入健身中去。

还有一点是游戏感。你不再需要没完没了地计算训练的重复次数，也不用担心这项运动会让你的肌肉在隔天早上疼痛难忍，因为你是在达成目标！探索世界！在时间耗尽之前获得高分！你甚至不会注意到自己在运动过程中消耗了多少体力。VR 健康与运动研究所（Virtual Reality Institute of Health and Exercise）的研究表明，人们在使用 VR 健身应用时通常会低估自己的体力消耗水平。[1] 在直接测量体力消耗时，VR 健身应用 Supernatural 所消耗的体力和用力猛骑自行车相差无几，拳击应用 FitXR 或 The Thrill of the Fight 所消耗的体力大致相当于越野滑雪或单打网球。我可以用我的亲身经历告诉你，这些健身应用能让你的肌肉获得极高强度的锻炼。旧金山州立大学（San Francisco State University）的一项研究不仅证实我们低估了 VR 健身所能消耗的体力，还发现参与者实际上最喜欢需要消耗大量体力的健身体验，因此他们更愿意再次回到最具挑战性的健身模式当中。[2]

更妙的是，投入等量的运动时间，就卡路里燃烧而言，在 VR 健身应用上运动比在传统健身房获得的回报率更高，因为前者几乎不需要在准备或路途上花费额外的时间。现在，我出差都会带上 VR 头显，不管住在哪间酒店哪个房间，都可以晨练，而不用专门去找酒店的健身房，也不用担心是否有我想用的健身器材。

一系列元宇宙和类元宇宙体验

在 VR 健身类别中，我们不仅会获得完全沉浸式的、实时的、双向的元宇宙体验，还会收获预先录制的、单向的类元宇宙体验。正如我在第一章中提到的，类元宇宙体验是通往完全元宇宙体验的重要匝道。类元宇宙可以让人们初步体验到将眼前的现实与另一个现实连接起来是多么令人兴奋。我们先来看看完全沉浸式的双向元宇宙体验。

元宇宙健身应用 App

目前，完全沉浸式的实时 VR 健身类应用还相当少，主要是因为仅通过观看教练录像和预先录制（以及剪辑和后期处理）的健身视频，也可以轻松实现健身。但在这一类别中，有一个应用非常突出，也是我最喜欢的 VR 体验之一。

VZfit

我从 2018 年开始就在 VZfit 上锻炼，现在我仍然保持每天在里面锻炼——除了出差，我大多数时候都在里面锻炼。（全面披露：VZfit 的使用体验给我留下了极其深刻的印象，以至于我已成为其创建公司 VirZoom 的投资人。）我第一次接触 VZfit 是在它完全虚构的、基于计算机图形的 VZfit Play 竞技场上，在那里你可以扮演坦克参加战斗，或者骑在一只会飞的独角兽上穿梭在树林之中，寻找苹果或宝石，抑或在美国旧西部场景下骑着马追赶可恶的盗马贼——这些只是他们众多游戏中的几个例子。你也可以访问 VZfit Explorer，它使用谷歌街景（Google Street View）的 360 度图像库，让你可以沿着谷歌绘制的世界上的任何街道骑行。

我再重复一遍：世界上的任何街道！多亏了 VR 头显中的 VZfit Explorer，我骑着我的实体（固定式）健身自行车一路进入大峡谷，穿过切尔诺贝利附近的废弃城镇（谷歌是怎么做到的？），穿过令人叹为观止的阿尔卑斯山，穿过日本，沿着奥地利全境，还有太多数不清的其他地方，就不多说了。我现在知道秘鲁和菲律宾的高地长什么样子。我曾被阿拉斯加的薄雾笼罩，也曾在黑山欣赏迷人的日出。[3] 通过 VZfit Explorer，我能够将家中的物理现实环境与可以说是全球几乎任何地方联结起来，感觉自己仿佛真的置身其中。就在今天上午，我骑车穿越了巴西里约热内卢北部令人惊叹的壮观山脉。在虚拟世界中骑车的一个好处是，尽管我看起来在骑着自行车上山或下山，但我的实际踏板阻力并不会改变，所以在 VR 头显里登上 Serra dos Órgãos 国家公园的高地要比在现实世界中容易得多。（尽管如此，我发誓，当我看到眼前全是陡坡时，踩踏板的时候感觉尤其困难！）

我真的很期待每天的骑行，这能让我把自己与另一个地方联结起来。我经常叫我丈夫过来"瞧瞧我今天在哪儿"，因为我从未想过我能看到世界上那么多奇妙的地方。我把坐在加利福尼亚家中的健身自行车上的物理现实与置身于世界其他地方的 360 度视觉现实联结在一起，每一次联结都让我感觉不可思议。

诚然，VZfit Explorer 的体验一开始似乎属于"预先录制的单向信息"类别，因为谷歌街景照片是以前拍摄的，而且都是单独的静态图。然而，VZfit 的神奇之处就在于它使用算法将连续的图片拼接在一起，当你在陆地景观中前进时，会产生一种明显的向前运动的感觉。当你在伦敦、法戈或摩尔曼斯克的街道上骑行时，你会真切地感受到自己在沿街前进。你自己的运动产生了双向信息流。

此外，你还可以选择在 VZfit Explorer 中实时加入其他车手，一起骑行，这也为该体验添加了一条能被归类为元宇宙的符合条件。当你选择"与他人一起骑行"时，其他在自己家里骑着自行车、戴着 VR 头显的人便可以加入你的旅程。当你和其他车手的化身一同骑行时，还可以边骑边聊天，沿着香榭丽舍大道，或者穿越加利福尼亚的红树林，或者在世界上任何一处你们都很想近距离欣赏的地方骑行。

VZfit Explorer 中的大多数骑行路线是通过输入起点和终点的地址或 GPS 坐标来创建的。如果你不想自己创建新的骑行路线，也有成千上万其他骑行者创建的现有骑行路线供你选择。可供选择的实在太多，于是我直接使用随机数字生成器来选择下一次骑行——我喜欢这种惊喜元素。任何玩家都可以创建骑行路线并与其他社群玩家分享，这突出了 VZfit 所倡导的协作观念和共享体验。

骑行路线的创建者还可以在途经路线中的任意位置留下文字。因此，如果你正在创建一条对你有个人意义的路线，那么你可以与后来者分享任何你认为可以加深体验的信息。

这些标签很有力量。最近，我在缅因州尤尼蒂镇的一个池塘边骑行，VZfit 团队成员杰森·沃伯格（Jason Warburg）家的几代人都在那里避暑。他此前在这条路线上写下的文字评论让我放声大笑（当我们骑行经过高尔夫球场时，突然跳出文本框，他不假思索地说自己是一个糟糕的高尔夫球手），同时又强忍泪目（当他描述在某棵古树下向妻子求婚时）。需要明确的是，这是一次异步体验，在我骑行的过程中，应用中并没有其他人和我在一起。但是，当我骑车经过一家不错的比萨店，或者经过一段能看到池塘景色的最美的路段时，这些小文本框就会弹出，告诉我应该关注什么。这让我感觉杰森就在我身边，对我们骑车经过的一切发表评论，就像他真的和我在一起一样。这种方式非常有效，把我带到缅因州的一个小镇，让我觉得自己非常了解这个小镇的来龙去脉，以至于如果我亲自前往尤尼蒂镇，我也一定能指出许多从杰森那里学到的东西。

在 VZfit 中，你可以通过数字方式前往从未去过的地方，体验在那个物理空间中移动的感觉，结识从未谋面的人，并走近那些在这些地方留下了童年、特殊时刻或最喜爱的过往经历的人。这样的联结体验给人以极强的满足感。自从我第一次感受到以来，几乎每天我都会来体验。（因为，哦，是的，你还能得到锻炼。）

类元宇宙健身应用 App

正如我在前文提到的，VZfit 是体能健身类别中为数不多的完全基于元宇宙体验的产品，让你在另一个地方，甚至可能和另一个人之间进行双向的、实时的互动。如今的大多数 VR 健身应用更像是类元宇宙体验，因为基本都是跟着录播课里的教练来健身的。这些应用很受欢迎，只需戴上 VR 头显就能轻松访问，是感受强大的沉浸式体验的绝佳入门。事实上，VR 健身是数字与物理实体的真正结合，你可以在当中利用数字 VR 提示来活动和改善你的身体。

跟着普通的在线健身节目锻炼的话，你只能站在健身区域边缘，看着 2D 屏幕上的教练来锻炼，而 VR 体验与此不同之处就在于沉浸感、游戏感以及消除自我察觉的功能，因为你根本就看不到自己的身体。

Supernatural

Supernatural 是我的另一个日常健身应用，对着飞射而来的目标，打拳击或挥舞球棒，与此同时，还有教练给出身心健康方面的指导。音乐是 Supernatural 体验的关键部分，每首曲子（可选风格包括摇滚、流行、电子舞曲、乡村，甚至古典音乐，通常每次健身配有五首歌曲）都能让你沉浸在一个不同的 360 度图像之中，欣赏世界上某个地方的迷人景色。尽管你不能像在 VZfit 中那样在环境中移动，但这些地方确实让人惊叹。从高耸入云的阿尔卑斯山峰到复活节岛，到埃及和苏丹的金字塔（你知道苏丹也有金字塔吗？），到天鹅绒般翠绿的苏格兰峡谷，再到月球和火星的真实表面。当我在这些引人入胜的地方挥杆猛击，击中所有目标，并在这节健身课中获得最高钻石评级时（这是很难做到的），精神上的振奋几乎不亚于体育锻炼本身产生的内啡肽。

Supernatural 真正的闪光点在于教练。在视频录像里，你会看到站在你面前的是真正的教练而不是化身，带领你完成热身和放松训练，不断地给你鼓励。每一位教练都是积极力量的源泉，他们坦诚地讲述自己在生活中面临的挑战，并睿智地告诉你如何在锻炼肩部肌肉的同时增强你的精神力量。我从未亲自见过任何教练，也没有与他们直接交谈过，但在过去的几年里，他们几乎每天都在与我交谈，我对他们充满了喜爱和感激之情——这进一步印证了沉浸式内容的"数字即真实"的一面。

FitXR

我经常使用的第三个 VR 健身应用是 FitXR，它是我旅行时的备用 App。正如我在前文提到的，在使用 VR 健身应用时，必须得小心，不要用遥控器撞到家具或墙壁，这可是我的切身体验。我在远离客厅的地方进行剧烈运动时，把 VR 手柄摔到了墙上，已经砸坏两个了。与其他健身应用相比，FitXR 能让我在较小范围内挥动手臂的情况下得到很好的锻炼，因此非常适合在面积不大的酒店房间里使用。在这个 VR 健身体验中，你要与别人的化身比赛，击打一波又一波的目标，不断地调整自己的击打力量和姿势。人类教练由化身代表，比赛场地都是由计算机生成的虚拟图像，因此你不会像在 VZfit 或 Supernatural 中那样与教练、其他玩家或者地点产生深厚的情感联系。健身锻炼是真实的，而且与前两款应用一样，你可以在这些 App 的脸书社群中与其他用户互动，社群很活跃，也很鼓舞人心。

* * *

VR 健身在最佳状态下能创造出一个兴趣小组，其成员在数字空间中相遇、互动，一起努力（或至少彼此并肩）来实现共同的目标。正如我自己所发现的那样，其结果足以改变生活。使用基于沉浸式体验和积极体验的数字激励方式来改变物理世界——你自己的身体就是一个很好的例子，可以看出，数字和物理的结合是如何在我们的个人生活中为我们打开以前做梦也想不到的可能性和激励感的。抛开健身元素不谈，那些能带你去物理世界另一个地方的应用，如 VZfit 和 Supernatural，正在数字世界和物理世界之间架起另一座重要的桥梁。在新冠大流行最严重的时期，我从未像很多朋友那样烦躁不安，因为我每天都在世界上的一个新的地方、一条新的迷人的道路上驰骋，即使我的身体无法离开住所。

不过，完全元宇宙和类元宇宙的健身应用最重要的作用也许是，当用户找到一两款自己喜欢的 App 时，他们往往每天都会使用这些 App，我当然也是如此。这使得人们对把东西戴在头上来体验数字现实的整个过程产生了熟悉感，而这种熟悉感对于长期理解和应用元宇宙来说至关重要。当你已经习惯在眼镜上戴上 Meta Quest 2，或者已经习惯玩弄 Valve Index 背面的线缆时，再让你尝试其他 VR 体验就会容易得多，也自然得多。接下来，就进阶到在 VR 中游览国际空间站，或者尝试一款看起来很酷的多人游戏。这就是为什么我将类元宇宙的体验也纳入我们对健康元宇宙的讨论当中，因为类元宇宙体验的确是人们打开元宇宙关键活动的优秀大使和过渡车轮。

在元宇宙中提升心理健康水平

VR 可以改变人的身体，但越来越多的证据表明，它在改变人的心理方面也同样有效。让自己沉浸在专门设计的视听环境中，可以帮助你将周遭世界抛在脑后，放松自己，找到内心平静。这些环境还能积极塑造你的大脑，帮助你克服恐惧，开发新的思维模式。不过，这并不全是为了你自己——心理健康元宇宙总归来说是一个学习如何强化同理心以及与他人沟通能力的好地方。

类元宇宙健康应用 App

类元宇宙应用在心理健康领域占据主导地位。主要的原因是在类元宇宙空间中向乐于接受的参与者提供量身定制的体验，这种模式能够非常有效地产出结果。我们先从这类例子开始讲起，最后以一个包含实时双向互动的更全面的元宇宙例子结束。

寻找快乐和内心的平静

VR 头显的关键价值在于它能创造一个数字世界来代替人们周围的真实世界，所以 VR 提供的体验当中，最受欢迎、最有效的是放松和逃离，这一点就不足为奇了。TRIPP 是一款领先的 VR 心理健康和冥想应用。据报道，体验者只需沉浸其中几分钟，情绪就能改善 25%。其中有令人神往而又宁静祥和的视觉氛围、引导冥想的舒缓音频以及适当的呼吸练习，TRIPP 将三者相结合，来实现治愈效果。所有这些都能帮助你从日常琐事中解脱出来，找到一种更深层次的宁静状态。我个人感觉，即便是在 TRIPP 课后，只要闭上眼睛，回忆一下当时的视听体验，照样能让自己平静下来。

顺便提一句，对我来说，TRIPP 的鲜明特点还在于它对抽象的大胆应用。在完全数字化的世界里，一切皆有可能，所以当我进入一个虚拟的 NFT 画廊，但它看起来却像物理世界的艺术画廊时，我会感到非常失望。既然都是想象出来的，那完全可以为所欲为啊！比如，为什么几乎所有的 VR 体验都非得模拟重力？为什么虚拟艺术品非得挂在虚拟墙壁上？在我看来，这一阶段的 VR 发展与早期的电影和电视类似，几乎都是在拍摄基于幕布的戏剧。早期的导演和制片人花了很长一段时间才反应过来，他们其实完全可以移动摄像机，把观众从遥远的、想象中的观众座位上解放出来。TRIPP 在识别这一点上走在前面，在摆脱物理世界的机制束缚方面迈出了一大步，我很赞赏这一点。

比利时公司 OnComfort 将 VR 用于放松的理念带入医疗领域，应用在他们专为医院场景设计的数字镇静解决方案中，注册商标为 Digital Sedation。这种体验可以让戴上 VR 头显的成人或儿童置身于一系列平静而沉浸的情境当中（比如与鲸鱼同游，有人想一起吗？）接受临床催眠治疗。当患者躺在床上放松下来，感觉像飘浮在金色森林中的花丛中时，医生只需局部麻醉就能进行侵入性手术。对于那些不适合做静脉全身麻醉的人，或者对几乎所有人来说都是理想的疗法。患者的焦虑情绪会减轻甚至消失。医生可以集中精力，更快地完成手术。患者不会因为完全失去知觉而一直昏迷，所以恢复期也会缩短——对病人和医院来说，这些都是可衡量的、更优的结果。

还有一个利用 VR 技术来创造另一种心理健康的项目，由我在诺基亚贝尔实验室（Nokia Bell Labs）的同事与西班牙电信（Telefonica）和西班牙塞戈维亚市议会共同发起。[4] 他们拍摄了音乐家演奏早期流行的西班牙音乐的现场表演，然后使用 VR 头显向患有阿尔茨海默病和帕金森综合征的疗养院病人播放这些表演。几乎就在一瞬间，大多数患者开始亲自参与音乐会中，随着音乐挥舞手臂，跟着儿时熟悉的旋律一起歌唱，脸上洋溢着灿烂的笑容。对于我们这些曾经照顾过患有痴呆症的亲人的人来说，我们都知道，每一个能让患病亲人转忧为喜的日子都是美好的。

强化精神力量

尽管这些改善情绪的 VR 应用示例令人振奋，但当我们看到解决非常具体问题的 VR 心理健康应用时，我们才理解 VR 是多么强大的工具，可以真正改变我们的思维。

例如，新西兰的一项研究发现，通过将 VR 暴露疗法与认知行为疗法相结合，参与者对飞行、高度、针头、蜘蛛或狗的恐惧会显著减少。[5] 仅用了六周时间，研究实验中每个人的恐惧症严重程度的平均评分就从 28/40（中度至重度反应）降至 7/40（轻度反应）。参与者面对的恐惧种类不同，但治疗效果却没有差别，而且没有人中途因为不堪恐惧重负而终止实验。事实证明，在 VR 中面对蜘蛛、飞机或垂直跌落，与在现实世界中逐渐接触这些诱因来训练大脑避免恐慌一样有效，而且安全得多（通常也更便宜）。

巴西疫苗接种中心爱马仕帕迪尼（Hermes Pardini）已经成为使用 VR 来帮助儿童克服针头恐惧的成功先驱，这也证明新西兰这些研究结果的真实性。早在 2017 年，他们就开始把给儿童戴 VR 眼镜作为疫苗接种过程中的一个步骤。[6] 戴上 VR 头显后，孩子们沉浸在一个美丽的卡通世界中，而这个世界正在遭受一个丑陋怪兽的威胁。一位和蔼可亲的女骑士向孩子们致意，称孩子们是"能拯救我们所有人的英雄"，并解释说，要想在城市上空升起一面强大的盾牌，孩子们必须在上臂插下一颗"火果"才能获得必要的力量。这段视频的效果着实令人惊叹——当 VR 故事中的骑士将虚拟的热炭按在孩子们的肩膀上时，孩子们全神贯注，丝毫没有退缩（护士也在配合，在智能手机屏幕上观看故事进展，并在恰到好处的时机为孩子们接种疫苗）。这给我们上了绝妙的一课，让我们了解到疼痛的感觉是相对的，恰当的技术设置可以降低在手臂上打针带来的恐惧。

针对多动症患儿，艾克里交互公司（Akili Interactive Labs）开发了一款突破性的平板电脑游戏 *EndeavorRX*，这是首款获得美国食品药品监督管理局（FDA）批准作为治疗手段的视频游戏。[7] 这款游戏专为 8~12 岁儿童设计，在游戏中，玩家必须忽略各种干扰因素，努力达成目标。游戏中充斥着各种让人分心的东西，玩法也是根据算法来量身定做的，精准地为每个儿童玩家提供最具挑战性的干扰因素。研究发现，如果多动症患儿每周玩五天、每天只玩 25 分钟游戏，这样持续一个月，许多孩子的症状就会明显减轻，而且效果会长期持续。这种"数字处方"（只有在有处方的情况下才能从应用商店里下载游戏）已经在某些儿童身上被证明是一种有效的药物替代疗法，艾克里团队希望，将来在改善心理健康方面的疗法能够做到像现在吃药一样普遍。

说实话，*EndeavorRX* 并不是一款 VR 应用，因为它只能在平板电脑和苹果手机上使用。但如果它在 2D 屏幕上都能如此有效，我倒想看看它在沉浸式的 3D 环境中能够发挥多大效用。即使是当前的版本，这款游戏也足以说明"数字医疗"领域的潜力是巨大的。

为挑战性环境做好心理准备

有时，我们面临的挑战并非克服恐惧症，只是对环境不熟悉，所以对是否要进入这个环境犹豫不决。而且这个环境可能会对我们提出更高的要求，无论是身体上的，还是情感上的，或是两者兼而有之。

为了让更多护士愿意将自己的技能用于治疗监狱囚犯，英格兰健康教育（HEE）开发了一种 VR 体验，向护理专业学生说明囚犯也是病人，与其他病人无异。[8]负责学习障碍和心理健康的高级护士艾莉·戈登（Ellie Gordon）解释道："我们希望能够向学生展示，监狱诊室看起来与其他诊室一样，囚犯也是有健康需求的人，只是环境不同而已。"

与此同时，英格兰健康教育也不打算掩盖为被监禁病人看病时所面临的更具挑战性的一面。体验活动包括基于实际事件的培训场景，向用户展示在监狱环境中可能发生的情况，然后用户必须决定最适合自己的行动。从止痛管理，到冲突解决，再到降级方法，这些场景在展示对抗性情况的同时，还为学员提供了所需的工具和心理调整技能，让学员在发挥所学的时候充满信心。

这样的 VR 体验可以帮助学生在踏进监狱之前就了解自己是否对此类工作感兴趣，并做好心理准备。正如戈登所说："这种事需要亲自体验，哪怕只有一次，不然你永远不知道监狱护理能否成为你职业生涯的新使命。"对于那些体验后发现自己并不能把这项工作当成新使命的人来说，他们可以提前了解自己，而不必让自己或囚犯患者在将来都陷入痛苦的境地。

培养同理心

VR 除了让我们了解自身的新本领，还能让我们设身处地地去理解他人，拥有对他人前所未有的新的理解。例如，具身实验室公司（Embodied Labs）利用 VR 技术帮助护理人员了解老年人在饱受疾病困扰的情况下所遭遇的困境和感受，包括黄斑退化病和痴呆症。我父亲患有痴呆症，有一段时间我是他的主要照顾人。通常来讲，我是一个富有同情心的人，我以为我能想象他头脑中发生了什么，但体验过具身实验室公司的痴呆症模块后，我大吃一惊，关于父亲的病情，有很多是我根本无法想象的。

在具身实验室公司的 VR 课程中，你可以直观地体验一名痴呆症患者的感受。医生的话杂乱无章，无法理解对方的意思；在别人要求你回答问题时你可能正沉浸在自己的回忆中；你可能无法理解最简单的指示。在被具身实验室公司培训之后，我绝对可以更好地护理我的父亲。或许是因为我在 VR 课程中所看到的东西，或许是 VR 让我明白，我并非对父亲头脑中发生的一切都了如指掌。以前，我总根据自己的能力冲在前面，希望他能跟上；现在，我会根据他的能力，尽量让他走在我的前面。我从具身实验室公司中获得的同理心帮我从一个仅能胜任的护理人，成长为既能胜任又善于体恤的护理人。

元宇宙健康应用 App

上面列出的所有例子都属于类元宇宙类别，因为用户看到的都是早先开发的内容，而且缺少实时的双向互动。将你与新的思维方式和生存方式联系起来，让你发现自身的新技能和新优势，这些应用和体验在其中都发挥了重要作用。现在我们来看看元宇宙健康应用的例子，它可以通过即时反馈实现互动的功能。

提升沟通技巧

并不是所有基于 VR 的心理健康体验都能让人放松。有些解决方案几乎是对抗性的，因为你需要与自己面对面，学习如何变得更好。

Bodyswaps（意为"身体互换"）软件就是一个很好的例子。在其基于 VR 的培训方法中，你会作为化身，置身于一个潜在的困难情境中。该情境将教你学习如何恰当地处理某事，比如练习积极倾听、应对各种细微的歧视冒犯，或者抵御性骚扰。在模拟过程中，你将使用自己的话语、声音和肢体语言，与 AI 生成的化身进行实时对话，当中需要运用那些你希望通过练习而掌握的技能。

然后——互换。从其他角色的视角，你可以观看自己化身的回放，听自己的声音说出自己曾说过的话，与你之前表现出（或没表现出）的眼神进行交流，因此你可以亲眼观察到在这种情境中，你在别人眼中是否足够真诚、是否表现出足够的同情心或其他方面。人工智能还会分析你的语气是否积极，你是否叫了其他角色的名字，你的反应时间有多长，以及其他可以给你具体的改进建议的因素。你可能事先假定好自己在某种情境下是完全放心的状态，或者表现出的是直截了当的态度，但在沉浸式的环境中，你与化身的实时对话，就像在现实世界中一样，化身可能会说出一些你意想不到的话，因此你可以借此来发现自己是否有足够沉着冷静的心智来驾驭这种困难的局面。如果没有，你可以多加练习。对你来说，要了解自己的沟通能力是否如你预想的一样，可能没有比 Bodyswaps 更快的方法了。

意向健康元宇宙时刻

我所经历过的最平静、最美丽的元宇宙体验之一，根本不是通过应用，而是由 XR 工作室和设计咨询公司 Mind Wise 的创始人、斯坦福大学讲师、如今也担任 TRIPP 首席健康官的凯特琳·克劳斯（Caitlin Krause）于2020年用 VR 创造的"冬日奇观"冬至冥想。在一个多小时的时间里，凯特琳带领我和其他二十多人体验了一系列互动性景观，邀请我们探索和拥抱一年中最漫长夜晚的黑暗。我们从 Engage Metaverse 平台上的雪夜景观开始，最终发现自己身处一片漆黑之中，每个人都手持一根数字蜡烛。凯特琳引导我们思考今年的结束和生活中的其他终止，然后又把我们带回到一个灯光绚丽、色彩鲜艳的景观中，这些设计激发了我们的思考，让我们从结束走向开始，满怀希冀迎接新的一年。最后，我热泪盈眶，即使现在回忆起这段经历，我的脑海中都充满了期待、美丽和希望。

数字艺术家克里斯塔·金（Krista Kim）将元宇宙定义为"一个正在进行的艺术项目"[9]，而正是在凯特琳·克劳斯这样的先驱者的作品中，我们开始看到新的可能性和新的存在方式的出现。凯特琳的"冬日奇观"冬至冥想确实是一件艺术品，在她的引导和我们（观众）充满思考的个人旅程（穿过黑暗最终又重回光明）的交汇点上，这件艺术品变得鲜活起来。这就是元宇宙开始展现其非凡潜力的时候，包括带领我们走出自我和普通世界的能力，以及将我们与比自身更大、更宏伟的事物联系在一起的能力。

不过，有时并不需要艺术家来为我们自己创造一个神奇的世界——有时只要逃离我们的日常现实就足够了。创造者对抗儿童癌症项目（Creators Against Childhood Cancer）利用 VR 技术将免疫抑制的儿童癌症患者及其家人和其他处境相同的孩子联系在一起。在现实世界里，这些患儿无法走出他们所处的保护性环境。但在 VR 中，他们可以做一些在现实物理世界中无法做到的事情，比如打迷你高尔夫球，或学习如何制作具有混合现实效果的炫酷视频。这些体验将患病儿童带出他们可能身处的黑暗世界，把他们置身于一个可以重新开怀大笑的世界。他们的家人也许已经很久没有听到这样的笑声了。

* * *

所有这些针对心理健康的数字解决方案都是虚拟体验如何使参与者的情绪、心态甚至世界观发生积极而真实的变化，并促使他们与他人进行更有成效、更具同理心的交流的范例。我承认，这是对"数字/物理融合"和互联概念的一种比较抽象的看法，尽管这些应用程序的相关性和神奇性是显而易见的。但是，将身心健康纳入元宇宙的主要原因是为了强调，元宇宙能够也将会成为个人生活中一股可衡量的向善的力量，这种作用方式比仅仅把元宇宙当作购物或游戏的目的地要严肃得多，也有意义得多。

几乎所有最早构想出元宇宙一类概念的思想家，都是写关于未来的反乌托邦故事的作者。除了《雪崩》和《头号玩家》这两部经典作品外，我最近在重读八年级时读过的雷·布雷德伯里（Ray Bradbury）写于 1953 年的《华氏 451 度》（*Fahrenheit* 451）时，惊讶地发现小说的情节是由主人公沉迷于参与一部沉浸式肥皂剧的妻子推动的。她想通过一个覆盖客厅正面墙壁的双向屏幕来参与，因此希望丈夫能出钱在四面墙上都安装屏幕，这样她就能感觉到自己完全生活在自己的故事里，尽管这似乎意味着她再也不能和丈夫共度时光了。这种"被吸入虚空"的情节在元宇宙小说中屡屡出现，因此我们有必要指出，具有蛊惑和诱骗能力的技术，同样也具有治愈、改善和转变的能力。健康元宇宙以多种方式表明，与所有技术一样，技术本身并无善恶之分，关键在于如何使用。健康元宇宙已经显现出来，如果善加利用，它可以成为一股强大的力量，为参与者的身体和心理都带来积极的变化。

第四章

服务和社会公益元宇宙

> **目的**：直接获取能够为用户提供帮助的服务，以及获取能够赋能用户以更好地帮助他人的信息
>
> **解决的问题**：拉近在线服务与服务对象的距离；增加在线服务的人情味；增强用户与其潜在帮助对象之间的理解和共情感
>
> **主要的访问方式**：消费级 VR 头显
>
> **对元宇宙之外的贡献**：元宇宙促进公益；元宇宙作为政府与公民互动的有效途径

我们继续以"元宇宙向善"为主题，看看另外两个快速增长的领域：服务和社会公益。在服务领域，具有前瞻性的政府正在尝试在沉浸式的双向环境中为公民提供必要的服务。在社会公益领域，慈善机构和援助机构正在利用 VR 技术所具备的能力，让潜在捐赠者身临其境地体验潜在帮助对象的现实生活处境，从而产生更多同理心。这些体验往往是单向的、异步的，但随后会在现实世界中引发行动，从而成为双向体验。我对服务和社会公益元宇宙中的这些功能重点加以说明，是为了强调新的数字世界可以发挥非常重要的作用，远不止提供简单的娱乐。

元宇宙中的公共服务：政府服务于民

越来越多的政府机构开始在元宇宙上提供服务，同时保留在互

联网上提供的现有服务。正如我们即将在本章后面部分的例子中讲到的那样，这些服务大多数尚未推出，目前仅以宣布即将提供服务的公告形式出现，因此很难评估那些无法通过访问网站来解决的问题，是否真的能在元宇宙中创建的政府办公室中得到解决。

还有一个访问路径的问题。大多数公告没有提及公民使用这些新的元宇宙服务需要什么样的硬件和连接条件支持。想必至少有一些沉浸式体验会在 VR 中提供，但由于 VR 头显的普及仍处于早期阶段，几乎可以肯定的是，这些体验也会在台式电脑或智能手机上提供。这是元宇宙行业内反复面临的问题。例如，VR 公司 Spatial 先后为 Hololens 和 Meta Quest 2 的用户分别打造了 VR 公司会议空间，但用户数量一直很少，直到他们增加了台式电脑和手机访问路径。现在，80% 的 Spatial 用户都来自台式电脑和手机界面，而且大多数用户似乎并不介意沉浸式体验的缺失。[1]（我们将在后面的章节再谈这一点。）

如果基于元宇宙的政府办公室要真正服务于民众，就必须解决访问问题。还有一个时间效率的问题。如果我用自己的电脑或图书馆的公用电脑登录政府网站 MyLocalGov.com，就能在相对较短的时间内更新我的养犬登记证，那么我真的有必要进入沉浸式环境中导航我的化身去正确的虚拟柜台办理业务吗？这种导航会增加多少时间和精力成本？别忘了我在第二章中讲到的元宇宙的失败应用：如果导航化身既麻烦又花里胡哨，还不能为犬证更新过程增加任何实际价值，那么元宇宙就不是提供这些服务的合适场所。不过，目前还很难对这类服务进行评判，因为我们还没有看到很多具体的例子。但要想获得公众的认可和支持，就必须经过深思熟虑来确保服务流程精简和高效。光有新奇不会长久，真正能解决问题的新方法才会长久。

在我看来，现有的线上服务中，可以运用沉浸式体验来改进的一个方面，就是取代那些需要用户亲自到场才能办理的服务。但要实现这一点，这些办理流程需要得到法律框架的支持。该框架要能保证化身的身份的合法性，并允许化身签署法律文件。

在这一点上，阿拉伯联合酋长国走在了前面，它已经在元宇宙中开通了经济部的数字副本，并可在此签署具有法律约束力的文件。阿联酋经济部部长阿卜杜拉·本·图克·阿尔马里（Abdulla Bin Touq Al Marri）指出，这是提高商业效率的一大进步，因为与阿联酋经济部有业务往来的人"不必再到阿联酋签署协议"。[2] 要在世界上其他国家建立起类似的服务能力，无疑还需要数年时间，但至少可能在后来引发雪崩的那颗小石子已经弹出，正在顺着斜坡滚动。

让我们乐观一点，假设应用元宇宙的政府会考虑到这一切（或者在首次推出失败后被迫考虑这一切——我们都知道这是怎么回事）。从迄今为止发布的公告来看，在元宇宙中提供政府服务主要有四大好处：便捷和民主化访问、匿名、客观和提高全民技术素养。

便捷和民主化访问

2023 年，首尔成为世界上第一个在元宇宙中开设虚拟市政厅的城市。[3] 在这个平行世界中，市民可以提交官方文件、登记投诉、查找有关税务申报问题的答案，甚至可以远程游览首尔的热门景点，而无须亲自前往市中心办理业务。元宇宙首尔（Metaverse Seoul）将在这一初始平台的基础上逐步完善，计划到2026年为政府支持的实体设立虚拟市长办公室和虚拟空间，包括金融科技孵化中心和对商业部门的定向支持。[4]这一计划让我很受鼓舞，因为它在很大程度上向未来延伸，而且最初的访问是在智能手机上下载的谷歌或苹果应用程序中进行的，这就保证了民众能够尽可能地广泛获取这些服务。元宇宙首尔还为在平台上进行的交流提供实时英语翻译，这对居住在韩国的外国人来说是一个实实在在的福利，因为他们的韩语水平可能还不足以理解官僚话语。[5]

第二阶段将侧重于让元宇宙服务触达更多老年人群。老年人占韩国人口的17%。和农村地区居民以及所有出行不便或无法出行的人一样，老年人也是最难前往市中心去办理强制性业务（如提交某些文件）的群体。[6]只要操作界面不太具有技术挑战性，不会让人望而却步，或者不至于笨拙迟滞，元宇宙首尔就有机会真正实现为所有市民提供民主化访问路径，无论他们是困于家中无法出门，还是患有语言障碍，而这也一定属于该项目目标的一部分。

阿拉伯联合酋长国阿治曼的警方不止步于简单提供服务，而是更进一步超越，将元宇宙用作社会外展工具。他们建立了一个AI Nuai-maiah警察局的虚拟副本，可以通过VR来访问。[7]市民可以来到VR警局，与派出所男女警察的拟真化身互动，这些警察化身由其代表的真人实时驱动。这些工作人员"训练有素地和人们见面，倾听他们的心声"，以数字化的方式提供邻里警务，这让居民和当地警方相互了解、建立信任。

匿名

阿治曼警方通过元宇宙让民众能亲自与他们直接取得联系，加强了他们与所服务社区之间的纽带。但他们的选民也完全有可能出于相反的原因而喜欢元宇宙警局：人们可以匿名访问和讨论。2022年澳大利亚的一项研究发现，30% 的人认为，与亲身在场的人相比，和虚拟化身谈论负面经历要容易得多。[8] 这一发现对治疗结果具有重要意义，同时也表明，如果虚拟警局能更好地引导对困难问题的讨论，那么虚拟警局可能比其他政府单位更有用。如果可以用化身与另一个化身说话，而不追踪身份，那么人们会更容易开口"帮我的朋友问一个问题"。

客观

在韩国，一项已经公开的政府计划是利用 VR 技术来测评老年人的驾驶技能。在韩国，老年司机造成的交通事故越来越多，因此国家警察厅宣布，到 2025 年，将使用 VR 技术定期对 65 岁以上的驾驶员进行认知、驾驶和记忆测评。[9] VR 技术是这种测评的理想选择，因为它可以精确、客观地测量驾驶员的决策和反应时间，而不会危及实际道路上的其他人。

在决定谁能保留驾照、谁必须放弃驾照这类棘手的问题上，这种客观性是非常有必要的。我在自己年迈的父母身上深有体会，家人的一句主观陈述（"我可不敢坐你的车，你那开车技术得把我吓死！"）往往会让年长的司机咬紧牙关，坚称自己仍然是一个好司机。与此相反，如果能够指出实际的测评结果，例如反应时间慢于某个临界值，或者有记录显示司机不看路就变道的事实，就能提供无可辩驳的证据，证明曾经是好司机的人可能不再是好司机了。这些都可以在 VR 中进行跟踪和记录，因为在 VR 中，一切都是数字化的、可测量的，而在现场人工测评中却很难捕捉到这些信息（"我在变道前确实看了一眼，是你恰好没看见！"）。而且，VR 测评也比现场人工测评更便宜。

总体而言，VR 技术的这种客观性使其成为精确评估人们执行体力任务能力的绝佳媒介。政府未来可能还会通过其他方式来运用这一优势，比如专业执照考试，包括美发和医疗保健等领域。政府工作者还可以让评审员佩戴 VR 头显，同时让现场考评助理手持 360 度摄像机，对建筑物或车辆进行远程检查，这样就能为更专业的评审员节省差旅时间，从而提升工作效率。我们将在讨论企业元宇宙时更深入地了解类似案例。

提高全民技术素养

作为韩国数字新政（South Korean Digital New Deal）的一部分，元宇宙首尔和其他一系列举措旨在帮助韩国从新冠大流行的时代复苏过来。但就其本质而言，这主要是由首尔政府牵头的一项巧妙的数字教育举措，意在激励更多的人参与到数字空间中来，从而提高普通民众的科技意识和技能。无论虚拟市政厅如何发展，不可否认的是，通过早期参与，市政府成员和首尔居民都将获得直接经验，了解在元宇宙中什么可行，什么不可行，同时支持在全国普及先进的数字素养，我觉得这一点非常值得钦佩。如果韩国能把这件事做好，它一定会激励其他城市和国家效仿。如果它没做对，其他城市也能从中吸取教训——有时失败比成功更能为后来的新技术尝试提供经验。

元宇宙中的教育

元宇宙中的政府服务活动，我们可能看到的最多的服务集中在教育领域。元宇宙教育是一个很大的话题，世界各地的公立和私立机构都在利用虚拟技术，不仅提供远程课堂和实验室体验，还培训学生从事与这种未来技术相关的工作。

利用元宇宙开展教育的好处显而易见，尤其是在新冠大流行之后。沉浸式的空间比 Zoom 更吸引教师和学生的注意力，而且在数字环境中有绝对的操作自由，因此教师可以创建任何类型的互动内容。比如，脱敏解剖数字青蛙，复杂鼹鼠的 3D 模型，让每个人都在课堂上穿上数字长袍，在罗马广场的 3D 模型中表演《凯撒大帝》。由于 VR 教育的优势已被广泛了解和使用，我将在这里重点举例说明一些可能不太明显的优势。

元宇宙在技术上的先进性使人们常常不自觉地将其与发达国家联系在一起，但元宇宙所解决的具体问题——特别是能将人们聚集到一个虚拟空间，消除距离或地理上的挑战的能力——使得元宇宙教育很早就被世界上一些欠发达地区所接受。

例如，巴哈马政府于 2022 年宣布，他们将在全国范围内启动一项元宇宙教育计划，专门用于克服国内实现平等的障碍。在宣布该计划时，教育、技术和职业培训国务部长赞恩·莱特伯恩（Zane Lightbourne）表示："我们的学生遍布巴哈马的各个岛屿，能将他们汇聚在同一间教室的唯一方法，就是建立一个所有人都能进入的元学院。"[10]他强调了巴哈马岛屿拓扑式地形结构所带来的影响，接着说："我们无法为每所学校配备一名工程学教师，但我们可以在元学院开设一门课，邀请每位对工程学感兴趣的学生参加。这样，在提供公平机会时，地理因素的影响就不复存在了。"元宇宙课程的教师也将全部由巴哈马人担任，从而保持教育的文化相关性——如果只让每个人都参加可汗学院（Khan Academy）或Coursera等平台学习现有的在线课程，这种相关性就会缺失。

巴哈马从2022年的试点项目开始，为部分学生提供Meta Quest 2头显和互联网接入，目标是2024年在全国范围内推广其教育元学院。他们的声明中隐含的意思是，向学生们发放VR头显，让他们将一位巴哈马工程学教授的影响力扩大至所有有志于学习工程学的学生身上，比寻找许多巴哈马工程学教授并亲自将他们派遣到全国各地的效益更高。

内华达州也在利用VR培训为居住在偏远地区的居民授课，但重点是技能学习和就业培训，而不是一般的大学教育。从而为需要技能就业和服务的地区提供技能就业和服务。作为这种双赢解决方案一部分，内华达州立图书馆与南内华达学院合作，创建了一个VR培训模块，教人们如何成为一名透析技师，而无须长途跋涉去城市上学。[11]作为计划的一部分，图书馆系统可以提供VR头显的租借服务。

内华达州立图书馆VR培训项目的沟通没有解决认证的问题，

这也是全球范围内进行 VR 培训的一个大问题。如果你曾在 VR 中接受过透析技师、实验室助理或任何其他可衡量技能的培训，那么认证和认可方面就需要承认你的纯数字培训的有效性。在许多地方，虽然 VR 培训的能力已经足够说服相关部门承认在数字世界中获得的技能确实是可以在物理现实世界中应用的，但如果你只接受过 VR 培训，仍无法获得认证。在 VR 培训（尤其是在偏远地区）发挥其潜力之前，这种情况需要在全球范围内得到扭转。

与首尔的市政厅一样，如果巴哈马和内华达州能做好这项工作，那么它们将为世界上其他地理位置欠佳的地区提供一个范例，无论学生身处何地，都能为他们提供与当地相关的先进教育，同时提高参与这一过程的每个人的数字素养水平。

爱尔兰道路安全局也将元宇宙作为一种更具吸引力的方式，向学童传授作为行人和驾驶员的交通安全知识。[12] 爱尔兰道路安全局的学习门户网站为各个学校提供了可预订的时间段，学生可以通过台式电脑、平板电脑、智能手机或 VR 头显获得沉浸式的培训体验。

该项目受到了学生们的热烈欢迎，其门户网站在 2022 年 9 月初一经推出便被预订一空。这再次提醒我们，元宇宙总是具有神奇而有趣的力量，如果运用得当，利用这种力量甚至可以将学习路标的含义转变为令人兴奋而又难忘的体验。

以元宇宙推动世界发展

元宇宙中这些由政府提供的服务有一个共同点，那就是将人们与能够提供服务的实体直接联系起来，从而提高了服务的可及性和效率（至少我希望如此！）。慈善组织也在利用这种将人们与偏远地区的人和地方联系起来的机制，这种机制超越了单纯的交易功能，建立起感同身受的联系。

直接体验改变与希望

我第一次意识到数字沉浸式体验可以用于社会公益事业，是在2022年6月的AR世界博览会（AWE）上遇到海地公益组织Hope for Haiti的莎拉·波特（Sarah Porter）时。我们在会前的鸡尾酒会上聊天，起初我很惊讶会在一个AR/VR活动中遇到来自慈善界的人。莎拉解释说，她的机构发现利用VR有可以更好地让潜在的捐赠者了解捐赠所能带来的好处，因此她以演讲者的身份出席来分享这一发现。

"人们经常这么形容海地：腐败、贫穷和自然灾害。我们知道海地远不止这些面貌，那里发生的故事让我们每天都能看到希望。我们的机构相信，尽管困难重重，但总有一条通往美好生活的道路。我们海地的团队在当地社区所做的工作，以及我们的扶贫项目，一次又一次地证明了这一点，"她告诉我，"如果潜在的捐赠者能和我们一起去海地，我们就能向他们展示他们的捐赠可以给当地带来多么大的积极变化。但显然他们没法都来海地，所以我们利用VR技术，将他们带到我们在海地建造的一所学校的虚拟版本中。参观者可以进入这所数字学校，不仅可以看到艺术家们为支持我们的事业而创建的可移动的NFT，还可以体验美丽的自然环境，这也是海地生活的一部分。"

　　我亲自体验了 Hope for Haiti 的 VR 建校项目，[13] 正如莎拉和她的团队所希望的那样，这对我来说着实管用。我从未去过海地，但当我穿过数字化学校，欣赏着学校周围郁郁葱葱的植被，看到 Hope for Haiti 给当地带来的实实在在的积极变化后，我对海地的印象比之前要正面得多。在进入 Hope for Haiti 的 VR 世界之前，如果我听到"海地"这个词，脑海中的真实画面是令人痛心的一片震后废墟。而现在，我首先想到的是一所整洁的新学校，里面坐满了心怀希望的学生，呈现的是一个充满希望的未来，而不是充斥着矛盾的过去。这就是 VR 的力量：我在 3D 中参观的海地，尽管是计算机生成图像（CGI）而非拟真图像，但现在已经取代了我脑海中之前存在的 2D 海地。

　　莎拉也坦言，Hope for Haiti 的 VR 体验如仅在 VR 中创建，存在局限性：

　　我们开始只是为了验证概念，但从捐赠者和 AR/VR 社群得到的反馈让我们备受鼓舞。无论是获得的关注，还是额外的资金，都超出了我们的预期。但我们也发现，3D 的沉浸式体验对应用程序的信服力大小有着关键性的影响，因此我们不想将其移植到更容易访问的硬件上，比如通过笔记本电脑或平板电脑就能访问的网页浏览器。尽管能让更多人看到，但也将丧失其独特性和信服力。

　　莎拉的意思是，如果没有数字沉浸式体验，Hope for Haiti 的 VR 项目将失去神奇魔力，失去与观众的情感联结，不再是元宇宙的一部分。沉浸式体验能产生更强的纽带联系；非沉浸式体验虽然信服力较弱，但触及面更广，两者之间的权衡，如今已形成一种常见的拉锯关系。

直接体验灾难

Hope for Haiti 是一个注重从正面鼓励和启发潜在捐助者的公益组织。非营利组织更常见的做法是利用 VR 技术将潜在捐赠者带到危机现场，帮助他们更深入地了解全球问题的规模和紧迫性，而不是仅仅听新闻报道。[14]

2015 年 1 月，联合国在达沃斯（Davos）放映了全球首部 360 度沉浸式视频《锡德拉湾上空的云》（*Clouds Over Sidra*），讲述了一名生活在约旦难民营的 12 岁叙利亚难民的困境。通过 VR 体验，观众能够看到当时有 9 万人居住的难民营中的生活实况，比阅读有关情况的报道更直接，也更不容忽视。

这种沉浸式电影具备的力量，可以从捐款效果中看出。例如，《锡德拉湾上空的云》和此后联合国出品的以埃博拉幸存者为主题的 VR 体验，这两项事业的捐款收入都超过了预期金额。在新西兰，每六个观看过《锡德拉湾上空的云》的人中就有一个向联合国儿童基金会捐款，这大约是预期捐款率的两倍。虽然这很难衡量，但我们也希望，有政府领导了解到这些经历后，能够最终有助于影响未来政策的形成。

有些用于意识提升的 VR 项目将 VR 体验嵌入更广泛的专门实体展览中，比如 2022 年的 *CARNE y ARENA* 展览。[15] 展览名字译为"血肉与黄沙"，是墨西哥电影导演亚利桑德罗·冈萨雷斯·伊纳里图（Alejandro González Inárritu）的作品，旨在表现现实生活中的移民跨越美国边境为寻求更好生活而遭遇的真实情况。参观者在戴上 VR 头显之前，必须先赤脚走过沙漠地面上的岩石，然后体验在夜间被边防人员抓获的经历，包括黑暗、强光照射眼睛、头顶直升机盘旋，以及武装警察用他们听不懂的语言冲着他们劈头盖脸地大吼大叫。

在虚拟世界中经历过这些可怕的遭遇之后，参观者会听到那些在现实世界中遭遇过这些事情的人讲述自己的故事，了解他们当初为什么要背井离乡去经历这种痛苦的磨难。边防人员也会讲述他们发现的有人因受伤和脱水而丧命在沙漠之中的故事。整个体验的目的是帮助希望进入美国的移民们发出更大的声音，使边境以北的人能够对这一持续的、高度政治化的局势产生更有见地、更细致入微的看法。

乌克兰也在利用虚拟存在来激发人们的同情心和捐款意愿，以帮助其抵抗俄罗斯的入侵。不过，这次他们使用的不是头显中的VR，而是可以在智能手机上观看的 AR，这无疑是为了扩大潜在受众范围。这个名为 SunflowAR（意为"向日葵 AR"）的体验将观众置于乌克兰的国家象征——向日葵田的中心[16]。随着儿童讲述者索尼娅（Sonya）讲述她和家人在俄罗斯入侵期间的经历，以及她对未来的希望，战争的画面慢慢取代了一开始晴朗明媚的蓝天。向日葵 AR 由现居英国、出生于乌克兰的沉浸式艺术家创作，旨在打破西方对这场远未结束的冲突的新闻报道疲劳。尽管这项工作在捐款屏幕上结束了，但更重要的是，索尼娅直接要求观众不要忘记乌克兰所面临的一切，并不断提醒人们，她面对的危险仍在继续。

鲜艳的向日葵花田逐渐消失在战争的阴云中，这样的画面的确让人难以忘怀，即使它只是智能手机上的一系列图画，并不像在 VR 头显中看到的那样完全真实的存在。就我而言，用智能手机看画面，能够同时让我看到自己身处的舒适的客厅环境，而索尼娅却在屏幕上向我展示她生活中发生的毁灭，形成的强烈对比让我更加深刻地感受到她和数百万像她一样的人正在经历的一切。

在虚拟空间中，还有许多更有价值的慈善创作，旨在为人、地点、事件甚至动物之间架起桥梁。达斯坦项目（Project Dastaan）是为纪念 2022 年印巴分治 75 周年而创建的，它能让一国的老年公民通过 VR 重访他们年轻时居住在另一国的城镇和村庄。两国之间动荡的关系，导致在两国间往返一直非常困难。[17] 该项目的创建目的并不是让人重温两国分治过程中的重重困阻，而是帮助人们对那个早已离开的地方重新唤起儿时美好的情感，用积极的感情来纪念周年，而不是愤怒。

另一个是贝壳项目（Project Shell），该项目利用 VR 技术和一种特殊的椅子，让人趴在椅子上，体验变成一只蠵龟，至少 15 分钟。[18] 首先，你要在出生的海滩上剥开环绕着你的蛋壳，然后你必须前往水边，一路经历艰难险阻才能得以生存，这是所有小海龟都要面对的事情。从那开始，你将体验在海洋中畅游的快感，即使必须躲避船只的螺旋桨和渔网。创作者希望实现"身体转移"，让人们真正感觉到自己就是海龟。他们的研究表明，在许多情况下能够成功地实现这一目标，尤其是对年轻的体验者而言。贝壳项目团队已经能够证明，由于这样的体验，人们对海洋生物的关爱程度提高了不少。

* * *

我在这里讲述的政府服务和社会公益 VR 体验都是对元宇宙本身之外的积极贡献。在虚拟世界中以双向互动的方式开展政府服务，是一种既受欢迎又实用的服务补充，特别是在能够兑现承诺、解决当下问题的情况下，会更受欢迎，更能体现实用性，比如减少路途耗时、减少在候诊室的时间、破除语言障碍、避免在现实世界中对同一服务的获取能力产生过于主观的评估。同样，如果元宇宙能够将先进教育的触角延伸到偏远地区，让这些地区的人们足不出户就能获得更好的培训和工作，那么元宇宙就有可能成为在全球范围内改善个人和社区生活的好工具。

在社会公益领域，如今的大多数体验是类元宇宙——观众只是在观看，而不是与某物或某人互动。换个角度来看，慈善 VR 的设计意图是在人们单向接收虚拟体验后，激发他们在物理世界中做出行动，因此将其视为只是在时间上错开的双向互动，实际上是有道理的——尤其是这些慈善 VR 体验在激发行为方面表现相当出色的情况下。

帮助人们与遥远的地方、环境和其他人建立联系，进而为世界带来实际改变的数字体验，正是元宇宙该被如何定义的核心所在。正如我在第三章中强调的那样，元宇宙通过创造意识、同理心和行动，给世界带来积极变化的力量，这样的元宇宙才是我们应该为之奋力共建的元宇宙。

第五章

游戏元宇宙

目的：娱乐、社交联系、收入

解决的问题：消除你与朋友、家人之间的物理距离，提供结识志同道合的新朋友的能力，以及战胜挑战的乐趣

主要的访问方式：台式电脑、游戏机、消费级 VR 头显、智能手机、平板电脑

对元宇宙之外的贡献：社交互动、玩家自主操控力和回馈奖励 / 游戏化的重要性、仅使用 2D 界面创建的沉浸式世界

关于游戏世界以及游戏世界在元宇宙中的角色，人们已经做了太多探索。元宇宙中的游戏世界似乎已经被看作一个已经得到充分发展的世界，在游戏元宇宙中，人们可以用化身进行互动。游戏无疑开了一个先例，为其打造的游戏世界可以让玩家每次沉浸其中，玩上数小时甚至数天［我玩《塞尔达传说：荒野之息》（*The Legend of Zelda*: *Breath of the Wild*）的时间加起来至少相当于一整个月，也可能有两个月］，但游戏在其他几方面也为理想的元宇宙概念做出了巨大贡献。游戏促进了人与人之间的关系，即使表面看起来都是竞争关系。游戏凸显了其强大的吸引力，给予玩家自主操控力，并要求他们完成特定任务以获得奖励回馈。即使是 2D 屏幕，游戏也能给人以沉浸式体验。所有这些要素都将成为创建未来元宇宙的重要基石。

游戏连接人与人

1978 年街机游戏《太空侵略者》（*Space Invaders*）出现在我们当地的保龄球馆，自那时起我就开始玩游戏了。没过多久，《太空侵略者》就和《大蜈蚣》（*Centipede*）、《挖掘者》（*Dig Dug*）、《导弹指令》（*Missile Command*）、《吃豆人》（*Pac-Man*）等其他街机游戏，以及我个人最喜欢的《拉力赛 X》（*Rally-X*）和《鸵鸟骑士》（*Joust*）一起出现在越来越热闹的保龄球馆侧厅里。尽管这些游戏多数一次只能一个人玩，但当中的社交元素是早期游戏体验非常重要的一部分。高中时代的很多个下午，我都会和朋友们一起去保龄球馆，凑钱买一卷 10 美元的硬币分着玩，然后剩下的时间要么自己玩游戏，要么趴在游戏机边上看着朋友们玩，保龄球瓶倒下的声音成了我们的背景音乐。早在老鼠台（Twitch）出现之前，看别人玩游戏的瘾就已经很大了。

从这些不起眼的游戏开始，游戏逐渐变得更复杂、更便携，最终出现在台式电脑和家用游戏机上。但不变的是，社交元素一直是数字游戏体验的支柱。在我的美好回忆中，大学时代我和朋友们围在电脑前玩 Infocom 公司发行的文字冒险游戏《魔域》（*Zork*）和《火卫一皮草女神》（*Leather Goddesses of Phobos*），甚至在毕业后去看望父母时，还和他们一起在家里的电脑上尝试如何正确拼写"Rumpelstiltskin"（侏儒怪）来通关《国王密令》（*King's Quest*）。

一晃几十年过去了，我们夫妇和两个孩子住在芬兰，当时孩子们一个八岁，一个六岁。有一天，我八岁的孩子回到家，告诉我他在朋友家的电脑上玩了一个游戏，内容是在晚上建造东西和躲避僵尸。虽然说得有点乱，但我一听就知道他说的是《我的世界》。《我的世界》从此主宰了我们的世界。孩子们最终有了《我的世界》主题的衣服、鞋子、背包，以及任何你能想到的周边产品。在一次难忘的生日会上，朋友做了一个《我的世界》主题蛋糕，我还用纸巾和纸盒做了一个苦力怕（Creeper）皮纳塔（piñata），结果发现这个皮纳塔有点太结实了，小孩子们用棍子根本敲不开，直到皮纳塔掉落到地上，孩子们一拥而上踩了上去。

2015 年，我们从芬兰搬到了加利福尼亚州。那时，我的两个儿子分别是 10 岁和 7 岁。刚开始他们还不能快速融入美国文化。他们会说英语，但毕竟他们的母语是芬兰语，而且他们非常想念之前的朋友。搬家后不久，在一个周六上午，我听到一个儿子在卧室里兴奋地用芬兰语大喊大叫。我把头凑过去，正准备裁判一场兄弟间的大战，但发现兄弟俩并没有在打架，而是在和他们在芬兰的好朋友一起玩《我的世界》在线游戏，他们正在一起对付一个可怕的末影人（Enderman），一边玩还一边通过数字连线热情地朝着对方大喊大叫。

尽管我有很多和别人一起玩电子游戏、分享喜悦的经历，但这是我第一次瞥见和其他人一起在线联网玩电子游戏的真正潜力。这确实帮助我的孩子们缓解了思乡之情，让他们能够以打电话以外的方式与老朋友们保持联系（如果没有消灭僵尸的游戏，十几岁的男孩子们之间是没什么话题可聊的），虽然一起玩《我的世界》无法消除 10 小时的时差，但却毫不费力地消除了他们之间数千英里的物理距离。

过了一段时间，孩子们在美国的学校里交到了朋友，他们玩的游戏也从《我的世界》换到了《堡垒之夜》。到 2020 年 3 月新冠大流行开始的时候，我的大儿子已经和另外两个素未谋面的人组成了一支相当不错的《堡垒之夜》比赛战队。他每天都要和这两个人聊上几个小时，在 Discord 平台上协调作战策略，同时他们以惊人的速度建造和摧毁防御工事，以便在大逃杀中占据优势。我的小儿子把所有的空闲时间都花在了网上，和他住在附近、但在不同学校上学的最好的朋友一起玩《火箭联盟》（*Rocket League*），一起在 Discord 平台上看网飞（Netflix）的电影。我们有网飞账号，但我儿子的朋友没有，所以我儿子会在他的电脑上播放网飞，然后用 Discord 共享屏幕给朋友，这样他们就能像往常一样一起看电视消磨课后时间，只不过没在同一时间，没有身处同一地方。（网飞显然有办法阻止这种共享，但我儿子告诉我，他可以绕过这道坎，我还没问他是怎么做到的。）

这就是在线网络游戏的超能力：它将人们汇聚在一个虚拟环境中，消除了物理世界中人与人之间的实际距离，从而将人们联系在一起。正如我在第一章中所说的，虚拟世界中发生的事情都是真实的，尤其是在两个人之间——我和儿子们都有几个从未见过面的好朋友，都是通过在线游戏结识彼此的。我们相遇的地方可能是虚拟的，我们相遇时见到的彼此可能都是化身，但我们之间由此产生的友谊却是真实的。[1]

我们家不是个例。2021 年美国做的一项调查显示，[2] 78% 的受访者表示，电子游戏帮助他们交到了新朋友。54% 的受访者表示，游戏帮助他们结识了通过其他方式无法认识的人。42% 的受访者表示，他们是在游戏中结识亲密的朋友或重要的伴侣的。也就是说，有将近一半的游戏玩家现在收获了亲密的朋友，甚至是浪漫的伴侣！这都归功于他们在虚拟世界中建立的联系。

每当我听到有人对玩家通过游戏或 VR 从现实中抽离表示担忧时，我都会引用这些统计数据。正如这项研究和其他研究表明的那样，比起上网使自己疏离，我们更有可能在网上与他人建立联系。

如果平台本身无法为这种社交联系提供便利，用户就会被激发出足够的创造力去找到自己的解决方案。这一点从 Discord 的迅猛崛起就可以窥见。Discord 为游戏玩家提供了一个可以并行语音讨论和打字聊天的场所，让他们在玩同一款在线游戏时能够相互交流。Discord 成立于 2015 年，截至 2022 年，其月活跃用户数已增至 1.5 亿，目前平台估值约为 150 亿美元。[3] 基于"打不过就加入"的商业策略，Xbox 最终在 2022 年 9 月将 Discord 语音聊天支持整合到其平台中。我的两个儿子为了能在家里书桌上添置第二台电脑显示器攒钱，这样一来他们就可以更方便地在一个屏幕上打开 Discord 窗口，同时在另一个屏幕上玩游戏。

游戏巨头罗布乐思的发展之路是另一个例子，从中也能看出共享社交体验对在线玩家来说有多么重要。罗布乐思最初并不是一个社交网站，而是为学生开发的物理模拟器，用于观察那些在现实世界中由于过于危险或昂贵而无法尝试的实验结果，如汽车撞击。[4] 创始人大卫·巴斯祖奇（David Baszucki）注意到，学生们的确如他所想在构建模拟，但令他没有想到的是，学生们非常渴望与他们的朋友分享自己的模拟结果，而且朋友们也喜欢对他们的模拟发表评论。[5] 这一发现最终促成了 2006 年罗布乐思的诞生，此后用户生成内容的时代就开启了。如今，罗布乐思拥有数百万个用户创建的地点，在这里，你可以创建游戏、玩游戏、参加演唱会、展示你的装备，当然，也可以和朋友们待在一起消磨时间。换句话说，直到实际用户证明了他们对物理模拟器的最大需求竟然是社交能力之后，罗布乐思才被当作一个社交网站推出。大卫·巴斯祖奇非常敏锐地洞察到了用户行为背后的需求逻辑，并有勇气做出这种转变。

同样，社交关系的重要性已使《堡垒之夜》从"仅仅"是一款群体射击游戏蜕变为全球最大的时尚公司之一。自 2017 年以来，数字化身、背包、服装（"皮肤"）和舞蹈（"表情"）的销售为《堡垒之夜》的母公司 Epic 游戏股份有限公司带来了数百亿美元的收入。[6] 与游戏中使用的数字武器不同，这些要素本身都与实际游戏无关，它们是用来表达自我的，无论你今天想成为太空兔子、凯尔特勇士，还是水行侠（Aquaman）。这一切都关乎看到别人和被别人看到。

开发《宝可梦 GO》的公司 Niantic 在其游戏创作背后一直怀着（积极的）别有用心的目的，尤其是希望通过设计游戏结构引导人们离开沙发，去户外走走，并结识他人。《宝可梦 GO》于 2016 年火爆推出，六年多来，全球平均每月仍有 8 000 万玩家，这要归功于它的游戏玩法，即在现实世界中捕捉珍稀的神奇宝贝，然后与其他玩家进行竞争（并建立联系）。[7] Niantic 认识到其游戏中社交元素的力量，并于 2022 年推出了一款社交智能手机应用 Campfire，用来对其游戏进行补充。玩家可以通过这款应用程序寻找在自己附近玩同款游戏的人，或者随时查看他们的哪些朋友在附近玩同款游戏。

从这些例子中，针对更大的元宇宙，我们可以得出这样一个启示：人们希望在虚拟环境中保持联系，这是他们首先寻求的事情之一。如果一个平台本身不能提供这种联系，游戏玩家就会找到一种变通办法，让他们在虚拟世界中也能以某种方式与朋友在一起。游戏世界绝非社交无能者的避难所，它充满了友谊，而并肩伏击敌人或一起解决问题的经历也在不断地创造新的友谊。

当不再满足于二维空间时

需要注意的是，本章将从根本上转换我们所讨论的体验类型。前面几章主要讨论了各种类型的 VR 体验，这些体验主要通过 VR 头显（基于智能手机的 Zepeto 和 Metaverse Seoul 也可以）进行访问，提供完全沉浸式的体验。然而《我的世界》《堡垒之夜》《罗布乐思》是在台式电脑或游戏机上玩的游戏，《宝可梦 GO》是在智能手机上玩的游戏。这些吸引人的游戏中，所有玩家都是在二维屏幕上相识的！难道玩这些游戏真的算是元宇宙体验吗？

我坚持认为，多人实时游戏也算是元宇宙的一部分。我的想法有两个原因。首先，游戏将人们在体验游戏中实时联系在一起。其次，无论使用何种硬件，游戏环境都能提供沉浸式的、置身于异地的体验。

如果你是一名游戏玩家，你就会知道，当你沉浸在一款高度吸引人的游戏中时，即使只是在二维屏幕上玩，你也完全有可能感觉自己是在另一个世界中度过一段时光。实时互动技术领导者 Agora.io 的高级产品经理马蒂亚斯·斯特罗德科特（Matthias Strodkötter）对此有很精彩的阐释。据他估计，在他十几岁的时候，他在台式电脑上玩《魔兽世界》(*World of Warcraft*)的时间约为 3 000 小时（相当于 125 天 24 小时，实在令人印象深刻）。他指出："技术不一定非得是沉浸式的，但体验一定要是沉浸式的。即使是一本书，只要足够好，也可以让人沉浸其中。"[8] 这句话说得一点都没错。一个精心制作的游戏会把你带入它的世界，就像一本潜心写成的书一样。

事实上，我的理解还会更激进一些，我认为几乎任何媒体上精心制作的故事都能创造出沉浸式的体验。我是 Six to Start 开发的音频应用"有僵尸，快跑！"(*Zombies, Run!*)的忠实粉丝，它编织了一个扣人心弦的故事，讲述了你——"五号跑者"(*Runner Five*)和你的同伴在僵尸启示录中生存的故事。这款应用完全不属于元宇宙，它是一款用智能手机来访问的音频健身应用程序，你可以在跑步或走路时收听。在故事中，每当僵尸开始追逐你，你就必须在基础速度上提速 20%，这样才能跑得过那些在你身后追逐的怪物。我最初为跑步的回馈奖励而来，最后为故事留下。令人惊讶的是，我可以非常生动地描绘出大本营及其周围环境，以及我在那个虚拟世界里的冒险经历。每次跑步后，我对想象中的故事经历的记忆几乎超过了对实际跑过的自然景观的记忆。一旦我们的想象力被充分调动起来，就会进行大量的填充工作，无论原始材料是什么形式，都能让我们产生沉浸其中的错觉。这种沉浸式的潜力正是我认为元宇宙也存在于 VR 头显之外的原因。

很显然，实时多人游戏是"部分或完全数字化的体验，以一种超越纯物理世界中可能实现的方式，实时地将人、地点和 / 或信息汇聚到一起"。然而，单人游戏还不能完全达到标准，仍然属于类元宇宙。尽管我觉得自己玩《塞尔达传说：荒野之息》的时候已经深深地沉浸其中，并亲自在海拉鲁王国（Kingdom of Hyrule）生活了数年，但它并没有将我与其他人联系起来。因此，尽管它具有令人惊叹的魔力，但并不符合元宇宙中实时和双向的要求。

还有一个问题，哪些平台具有大众市场影响力。截至 2022 年底，Meta 公司已售出约 1 400 万台 VR 头显，其他消费级 VR 设备的销量也相差无几。[9]《罗布乐思》《堡垒之夜》《我的世界》《宝可梦 GO》都可以通过智能手机、台式电脑和游戏机等各种平面屏幕访问。地球上大多数 10 岁以上的人都可以访问这些平台，这些游戏每月吸引数亿用户，比所有使用 VR 头显的人加起来还要多出数倍。了解这一点后，如果你是游戏开发者，你会为哪个市场开发游戏呢？从实用主义的角度出发，当我们思考究竟何为元宇宙时，应该将 2D 屏幕体验纳入考虑范围，至少现在是这样，因为那里有众多基于化身的互动体验。（我们将在下一章讨论 Web3 元宇宙，它的应用也主要基于 2D 屏幕。）

不过，也不要只听我的观点。花旗集团（Citigroup）在 2022 年 3 月的一份关于元宇宙的报告中指出："我们认为，元宇宙可能是下一代互联网——以一种持久的、沉浸式的方式将物理世界和数字世界结合在一起——而不仅仅是一个 VR 世界。在台式电脑、游戏机和智能手机上都能访问的、无关设备的元宇宙，可能会形成一个非常庞大的生态系统。"[10] 与设备无关这一点，将广泛包容的元宇宙世界（任何人都能参与进来）和小众的元宇宙世界（只有专门佩戴 VR 头显的人才能进入）区别开来。

为了绝对确保这些基于 2D 屏幕的游戏是元宇宙的重要组成部

分，我们再来回顾一下我对元宇宙的定义清单。实时的多人游戏当然符合以下这些要点：

1. 部分数字化和完全数字化的。

2. 互联的。

3. 实时的。

4. 神奇的。

5. 相关的。

在《英雄联盟》（*League of Legends*）、《太空狼人杀》（*Among Us*）、《无人深空》（*No Man's Sky*）等多种多样的游戏中，你是数字世界中的一个数字化身。你以有意义的方式与其他代表物理世界中其他人的数字化身进行实时互动，与他们竞争、合作，让他们感到挫败、困惑。神奇的体验把你带离日常世界，让你置身于或卡通古怪、或美丽壮观的环境当中。如果你想问：我能满足清单上的前四点吗？我会回答你：没问题。

但最后一点——我们该如何定义游戏的相关性或是否解决了问题呢？要回答这个疑问，我们先来谈谈人们在游戏中究竟能做些什么。

游戏的隐藏超能力：自主操控力，竞争，回馈奖励

尽管游戏中社交的重要性不言而喻，但相对于游戏本身而言，它仍然是次要的。游戏对许多人都有强大的吸引力，它能搔到人类灵魂深处最原始的痒处。玩游戏的吸引力足以让"游戏化"一词

被收录进《韦氏词典》(*Merriam-Webster Dictionary*)，它被定义为"在某件事情（如任务）中加入游戏或类似游戏的要素，以鼓励人们参与"。[11] 根据这一定义，游戏本身具有如此内在的吸引力，以至于在非游戏中加入游戏性会让我们更愿意去做，就像吃一勺糖更容易把药吞下。事实上，游戏化对许多人来说作用极大，以至于除非创作者小心谨慎，否则游戏化可能会越界变成一种强迫。游戏创作者兼作家艾德里安·霍恩（Adrian Hon）在他的《你被玩坏了》(*You've Been Played*)一书中有力地阐述了这一点。[12]

游戏的哪些要素使其如此具有吸引力？与元宇宙特别相关的三个游戏要素包括：自主操控力、竞争和回馈奖励。自主操控力让人具备一种可以施加控制、自己做决定、自己采取行动的能力。在游戏环境中，当你决定采取在现实世界中不可能或不被接受的颠覆性行动时，比如徒手推倒砖墙或背叛朋友，自主操控力会让人感觉特别满足。自主操控力通常表现为在极短的时间内做出选择，它是游戏的一个重要组成部分。佐治亚州立大学（Georgia State University）的一项研究发现，与非游戏玩家相比，习惯玩游戏的人的决策技能和反应时间更胜一筹，这与大脑活动更为活跃有关。[13] 因为在游戏中训练过，他们总能在机会出现时立刻采取行动。

竞争往往是自主操控力的结果，包括将自己的技能与他人的技能进行比较，看谁能获胜。竞争的概念中隐含着一个可以比较的对象。这意味着连接，尽管并非必要。你也可以与自己过去的表现或理想标准进行竞争。

回馈奖励是成就的结果，可能来自竞争，也可能来自解开的某个难题、掌握一门技能或准确遵循一系列指令。当你通过展示自己积累的回馈奖励，获得了社会地位和身份时，间接的回馈奖励也就到来了。

在玩《堡垒之夜》或《英雄联盟》这类协作式元宇宙世界游戏时，人们很容易发现这些高度吸引人的游戏要素在哪些地方发挥了作用。你是一个化身，与其他人的化身实时互动；你拥有自主操控力，自己做决定；你直接与其他人竞争；如果你表现出色，就会得到回馈奖励；如果你参加过这些游戏的锦标赛，将会获得丰厚的现金回馈奖励。[14] 即使非常简单的元宇宙情境，如 VR 中的多人游戏《节奏空间》，也具有相同的特征：你是一个化身，与另一个人的化身实时竞技。你的自主操控力让你可以选择何时攻击向你袭来的方块（也可以选择关卡的难度和对应难度的歌曲）。如果你表现出色，就能击败对手，或许还能获得分数，从而在排行榜上更上一层楼。

在游戏当中谈论自主操控力、竞争和回馈奖励等游戏要素似乎是显而易见的。当我们观察这些关键的游戏要素被成功地应用到非游戏情境和事件中时，就变得有趣了。

过去几年，在游戏元宇宙中，我最喜欢的消遣之一就是观看游戏内演唱会的演变。第一场演唱会在 2019 年 2 月 2 日举办，DJ 棉花糖（Marshmello）的化身在《堡垒之夜》欢乐公园（Pleasant Park）的数字舞台上现场打碟、摇摆。[15] 当然，舞台上方有 27 米高的木偶在跳舞，观众席上的化身可以在重力减弱的情况下跳得超高，但除此之外，所有的视觉元素都是从物理世界的演唱会直接搬过来的。舞台是静态的，观众在舞台前方，舞台周围还有"灯光"。DJ 棉花糖站在舞台上的混音台前，他身后屏幕上的三维视觉效果与现在任何一场高端演唱会上看到的并无二致。

　　现在，时间过去不到两年，一切都不同了。就好像《堡垒之夜》的团队终于意识到，在一个完全数字化的世界里，你不需要去模仿物理世界……完全不需要！2021 年 8 月 7 日举办的爱莉安娜·格兰德 /A 妹（Ariana Grande）在《堡垒之夜》中的演唱会完美地诠释了这一点。歌手和歌迷之间没有舞台，也没有间隔。取而代之的是，观众与 A 妹一起，从一个数字体验流动向另一个数字体验。通过其中几个数字体验还有互动功能，观众可以做出影响他们体验的选择。一开始，观众们冲着数字波浪进入演唱会现场——好一个入口！——然后进入一系列飞行、飘浮和一些物理层面上不可能存在的空间，在这些空间中，人们可能会骑在彩虹独角兽上，或与其他观众组队用激光杀死一只怪兽（该环节结束时会公布高分）。演唱会变得不再是观看艺术家演奏音乐，而是观众和艺术家共同体验音乐和不同歌曲所带来的不同氛围。体验的质量取决于你的参与程度——你与环境的互动越多，发生的趣事就越多。即使你不是 A 妹的粉丝，也会觉得非常有趣！

　　A 妹的《堡垒之夜》演唱会让我们看到，当我们将更多的数字化应用于现实世界的体验时，元宇宙能为我们做些什么。在元宇宙中，演唱会不再是我们被动地坐在观众席上观看的东西，而是互动式的冒险，我们可以在其中发挥自主操控力，甚至还可以有一些竞争。音乐、对艺术家的亲近感以及体验，就是我们的回馈奖励。

　　2021 年 9 月，二十一名飞行员（Twenty One Pilots）乐队在《罗布乐思》上举办的演唱会与 A 妹的演唱会相似，并没有受到现实演唱会场地的限制而试图去模仿。这场演唱会增加了一个很有效果的互动环节，要求观众在上一首歌结束之后，投票选出下一首歌。每场演唱会中的全部 40 个化身都被扔进一个满是砂砾、看起来像砖墙小巷的环境中，下一首想听哪首歌，就站到代表那首歌的图标前面。得票最多的图标便是下一首要演唱的歌曲，回到自由飘浮的演唱会中。（这其中的社交动态精彩纷繁，令人目不暇接——通常需要留些等待时间，才能让一首歌的选票比其他歌多一些，然后大多数犹豫不决的人会在最后选择一首略有偏爱的歌曲。）让听众们自己安排歌曲演唱顺序，这极大地改变了演唱会的权力动态，也再次说明元宇宙中隐含的自由的创造力将如何颠覆我们对未来许多不同过程和体验的预期和假设。演唱会只是一个开始。

因此，在游戏世界中发现有越来越多的赞助品牌交互区为访客提供互动和 / 或游戏，也就不足为奇了。在耐克（Nike）借助《罗布乐思》平台打造的 Nikeland 中，你可以与朋友一起玩各种体育类小游戏，比如捉人游戏。游戏挑战成功后，还能为你的化身赢得耐克鞋装备。此外，你还可以使用提供的工具自主创造小游戏。[16] 这种将互动体验和耐克品牌 Verch（即"虚拟商品"）结合在一起的做法非常成功，仅在 Nikeland 上线一年后，就有来自 224 个国家的 700 万游客先后造访。[17] 光是他们的 NFT 发行就为耐克创造了高达 1.85 亿美元的收益。从中得以看出耐克的先见之明，耐克早在 2021 年 12 月就以约 10 亿美元的价格收购了知名元宇宙收藏品创造商 RTFKT，尽管 RTFKT 此前仅成立了一年！[18] 目前，耐克的数字收入已经占到耐克品牌总收入的 26%。[19]

2022 年的温布尔登网球锦标赛（Wimbledon）与 The Gang 合作开发了自己的温布尔登世界（Wimbleworld），也是在《罗布乐思》平台上。在这里，网球迷们既然可以参观这一闻名遐迩的赛场的数字再现，还可以在中心球场（Centre Court）与朋友打一场网球挑战赛。这就是"自主操控力"！当然，将一项运动在数字世界中以游戏形式再现，是再自然不过的事了，因为运动本来就是游戏。更让人印象深刻的一个例子，是 Alo Yoga 在《罗布乐思》上创建的 Alo Sanctuary，你可以在其中体验到瑜伽的游戏化。Alo Sanctuary 建在一个崎岖的小岛上，你必须在那里探索，才能发现并解锁各种瑜伽姿势，然后你的化身就可以在诸如森林或冰洞等宁静的环境中按照引导做冥想时使用这些姿势。如果想要新衣服或其他装备，你只需返回到这些环境中连续冥想数天就可以解锁了。在这里，游戏化被巧妙地利用，帮助人们养成正念和静心的新习惯，这与游戏概念中常相关的肾上腺素和竞争有着天壤之别。Alo Sanctuary 利用游戏要素吸引人们学习瑜伽，取得了巨大成功，该网站的好评率高达 89%，比获得 80% 好评率的热门网站 Nikeland 还要高。[20]

　　再举一个非体育类商业实体通过整合游戏玩法成功吸引访客的例子。墨西哥卷饼连锁餐厅 Chipotle 在《罗布乐思》上推出了《卷饼人》（Burrito Builder）游戏，在 Chipotle 原始厨房的数字复制品中，玩家可以自己制作卷饼。2022 年 9 月，Chipotle 成为第一个在元宇宙中推出新菜单项（同现实世界）的商业实体。当时，他们宣布在其蛋白质系列产品中增加大蒜墨西哥瓜希柳辣椒牛排（Garlic Guajillo Steak），并在 Burrito Builder 中推出 Chipotle Grill Simulator（意为"Chipotle 烤肉模拟器"）。[21] 在这个新的厨房体验中，现实世界中的牛排烹饪厨师的化身会亲自教你如何烹饪和调味牛排（你可以给他点赞）。前 10 万名体验者可以获得优惠券码，能在美国或加拿大的任意一家 Chipotle 餐厅免费兑换一份前菜，还能获得虚拟货币，为他们的《罗布乐思》化身解锁新装备。将游戏中的体验与物理世界中的利益关联起来，既可以提高客户的忠诚度和参与度，也可以在潜在的新客户群体中扩大品牌知名度。兑换优惠券的过程也是衡量激励性元宇宙活动效果有多大的一个途径。Chipotle 还没有公布任何数据，但这并不是他们第一次推出元宇宙优惠券活动，这意味着他们很认可元宇宙作为吸引顾客光顾实体餐厅的有效机制。

事实上，游戏化在提高用户参与度方面非常有效，以至于我们开始看到一些非常严肃、并不好玩的话题也因游戏化的应用而受益。一个典型的例子就是《时代》（Time）周刊于 2021 年在《堡垒之夜》中为纪念马丁·路德·金（Martin Luther King, Jr.）而制作的"时代游行"（March Through Time）体验。参观者首先会聆听马丁在 1963 年发表的长达 17 分钟的演讲《我有一个梦想》（I Have a Dream），同时在视觉化背景中了解民权运动（Civil Rights Movement）的历史。随后，他们可以与其他人一起玩小游戏，这些游戏体现了演讲中的基本原则，即"只要我们齐心协力，就能向前迈进"。这段历史被再现、被游戏化，利用久经验证的游戏规则，激发人们更深入地与原本感觉遥远的时间和地方互动。未来，我们将看到更多这样的作品。

* * *

游戏元宇宙在"神奇体验""实时性""互联性"方面的得分都很高，它能给几乎任意对象提升参与度和互动性，还能与之相关。数字化元宇宙整体的流动性使得自主操控力和回馈奖励等游戏要素几乎可以被添加到任何事物当中，无论原始主题是多么阴郁、愚蠢或重要。事实上,自 2000 年以来,在西方国家出生的孩子完全是在数字媒体主导的世界中成长起来的,游戏占据了他们大部分的时间,因此他们可能会越来越期待游戏要素的出现,使得所有内容都变得有趣。游戏化及其吸引用户的能力有可能成为未来推动元宇宙进入大众市场的引擎。

第六章

Web3 元宇宙

> **目的**：人为创造稀缺资产以推动货币化；有能力保证数字商品的唯一性和所有权以推动货币化
>
> **解决的问题**：货币化、所有权问题、创作者持续创收的能力
>
> **主要的访问方式**：台式电脑（和部分 VR 设备）
>
> **对元宇宙之外的贡献**：货币化、赌博、所有权、创作权维护

Decentraland、Somnium Space、The Sandbox 和 Earth2 都是基于 Web3 的元宇宙的例子。在这些元宇宙中，你可以购置虚拟地产，建造一些东西与他人分享或自己享用，还可以作为化身整天闲逛，与其他人的建筑和化身进行实时互动。越来越多的物理世界的公司宣布将进驻这样或那样的元宇宙。对许多人来说，当他们听到元宇宙这个词时，首先想到的就是这种完全虚拟的世界。

但是我不明白。这是我并不热衷的一个元宇宙类别，因为我很难理解数字地产与其自身之外的任何事物有什么相关性，特别是与物理世界中的任何事物之间的相关性在哪里。说得无礼一点，基于 Web3 或区块链的元宇宙似乎唯一能解决的问题就是钱太多没地方花——而投资虚拟地产似乎是解决这个问题的好办法。

我反对的不是使用区块链。我确实看到了使用区块链来协调去中心化的价值，这对于帮助抵消 Meta 和苹果等 Web2 巨头的霸权非常重要。[1] 我也确实看到了 NFT 的利用价值，即将未来销售份额

授予创作作品的原创艺术家，或创造可穿戴、可销售或可交易的独特品牌商品。² 我理解，在加密货币走强、虚拟土地价值似乎不可阻挡地上升时，人们为何会对元宇宙地产感到兴奋。但现在我们已经看到，这个市场和其他市场一样，都有可能出现衰退，那么虚拟地产会不会又变成另一种骗局呢？

虽然我对此持怀疑态度，但这并不意味着我们不应该考虑这一元宇宙领域。下面我将介绍 Web3 元宇宙中正在发生的一些事情，然后看看它的积极和消极方面，最后再谈谈 NFT 的话题。我当然愿意接受这样的观点，即 Web3 中存在着我尚未发现的价值。我也意识到，并不是每一个有关元宇宙的新的想法都能获得长期成功。也许这个类别就是不入围的那一类。（或者，也有可能它才是定义了未来元宇宙的真正含义的那一类，如果成真，2033 年的读者看到这段能直接笑喷。）

Web3/ 地产元宇宙：人为的稀缺性在数字世界中合理吗？

在我们开始之前，我想指出，我并不是唯一怀疑 Web3 地产价值的人。加密货币爱好者、NFT 的一位所有者马克·库班（Mark Cuban）在 2022 年 8 月说过："最糟糕的就是，人们在这些地方购置地产。这简直是有史以来最愚蠢的狗屁玩意儿。"³ 他的怨言也正是我的怨言，我们都不认为出售依赖于物理世界稀缺性的东西是有用的，因为在元宇宙中，土地的获取基本上是无限的。我可能买不到《沙盒》游戏里史努比·狗狗（Snoop Dogg）豪宅旁边的那块地，但元宇宙最棒的一点就是它能消除物理距离。那为什么我不在我的虚拟客厅里放一个传送门，让我直接从我的地盘瞬间穿越到史努比的地盘，从而让我们各自拥有的地盘彼此相邻呢？即使我没有这样的传送门，我也可以使用平台工具将我的虚拟化身即时传送到史努比的家门口（或《沙盒》游戏中的任何其他地点）。这么想的话，是什么使得元宇宙中的某块"地"比另一块更具价值呢？在早期开发阶段，我们是否错误地使用了物理世界的衡量方法（"位置，位置，位置！"）来分配数字世界里东西的价值呢？

我说得太快了。我们先来看看什么是 Web3 元宇宙。现有的 Web3 元宇宙平台（如 Decentraland、The Sandbox 和 Earth2）都是基于台式电脑的数字世界，在这些平台上，你可以购买土地并在上面建造房屋。你还可以用自己的化身四处漫游，参观其他人的创作。至少就目前而言，Web3 元宇宙世界非常明显是一个显示在二维屏幕上的世界；Somnium Space 是主要的几个 Web3 世界中唯一的既可以在台式电脑上，也可以在 VR 上访问的世界。正如我们之前所讨论的，这并不意味着这些空间就不是元宇宙的一部分。我遇到过一些人，他们本以为这些完全数字化的虚拟世界可以在 VR 中访问，却惊讶地发现它们并不能。

所有这些世界都与区块链相连，从而保证了对土地、艺术品和其他财产的"永久"所有权。[4] 就像在《罗布乐思》《VR 聊天室》中一样，成员们可以玩耍、修建、创造、举办活动、社交，但在 Web3 世界中，重点是创造经济，而不是打造互动体验。这一点在土地价格上体现得尤为明显。2021 年 12 月，《沙盒》举行了一场名为"Snoopverse"的特别拍卖会，出售与史努比·狗狗的土地"毗邻"的地皮，最贵的地皮以价值 45 万美元的以太币成交，令人咋舌。

这仅仅是一周内的一次销售，而在这一周内，4 433 次单独的土地销售为平台带来了总计 7 000 万美元的收益。[5] 土地可能是虚拟的，但钱可是真实的。

花费数千美元购买虚拟地产的一个可能原因是，它有可能帮助你在未来赚取收入。2022 年 3 月，哥伦比亚广播公司（CBS）的纪录片《欢迎来到元宇宙》(*Welcome to the Metaverse*) 中，一位二十多岁的受访者饶有激情地表达了这一想法。他说，与其存钱在物理世界中买一栋实体房屋，还不如拥有 "能让 100 万人参观我的土地、我的业务、我的创意的东西——要记得，新一代都是在网上做生意，通过互联网连接我们的创意、我们的才华和我们的技能"。[6] 在这种观点看来，拥有一块人流量大的虚拟地盘，让你的数字业务广泛曝光，比拥有一个用来晚上睡觉的物理实体场所更为重要。

有可能是 Web3 世界对经济和商业的关注（以及对台式电脑的侧重，使得这些世界比 VR 聊天室等仅有 VR 的世界拥有更多的潜在访问者）使得物理世界的企业被引诱到 Web3 元宇宙中开店。2021 年 6 月，元宇宙投资者 Everyrealm 斥资 91.3 万美元在 Decentraland 购买了一块地皮，随后将其开发成购物街区 Metajuku Mall，灵感源于日本街头时尚之都东京原宿区（Harajuku District of Tokyo）。首批租户之一是摩根大通银行（JP Morgan Bank），该银行专门为其区块链银行部门设了一个休息厅。开业后，人们在这里能做的事情并不多，除了摸一摸在空间里随意游荡的老虎。但摩根大通很早就进入了这里，并表示正在为虚拟地产所有者需要非虚拟银行服务（如信贷、抵押贷款和租赁协议）的那一天做准备。[7] 紧随摩根大通之后进驻 Decentraland 的还有富达投资集团（Fidelity

Investments），该公司在 Decentraland 建造了一座八层楼高的大厦，以金融教育为重点，并在屋顶设有舞池，以 18 至 35 岁的年轻人作为该空间的目标客户。[8] 汇丰银行（HSBC）和泰国汇商银行（Siam Commercial Bank）的风险投资集团 SCB 10X 也都宣布了在《沙盒》游戏中开业的计划。

《时代》杂志正计划在《沙盒》游戏中建造一个以纽约市（New York City）为灵感的区域，名为"时代广场"（TIME Square），与他们发行的 NFT——TIMEPieces 相关联。[9] TIMEPieces 的持有者将有专享权限参加他们举办的各种活动，如 TIME Studios 制作的电影和纪录片的放映活动。这里发行的 NFT，本质上就如同会员卡，这是几个 Web3 元宇宙项目的常规做法，与无聊猿（Bored Ape）NFT 小组创建的无聊猿游艇俱乐部（Bored Ape Yacht Club）的套路类似。Web3 元宇宙 NFT 与非元宇宙会员制 NFT 相比有一个优势，那就是它们可以顺理成章地在其元宇宙中（若以《时代》杂志为例，则在时代广场）为各种活动和聚会提供一个中心场所。例如，帕丽斯·希尔顿（Paris Hilton）从史努比·狗狗在《沙盒》游戏的报道中得到启发，正计划在那里建造自己的巨型豪宅，并在完工的同时发行 NFT，作为她举办的派对的入场券。[10]

回到 Decentraland，斯凯奇（Sketchers）在时尚区 Fashion District 开设了一家专卖店，龙舌兰酒品牌豪帅快活（Jose Cuervo）则在娱乐区 Vegas City 建立了一家"元酿酒厂"（metadistillery）。Decentraland 还举办了几次引人注目的快闪活动，如 2022 年的"元宇宙时装周"（Metaverse Fashion Week），来自物理世界的六十多个高级时装品牌参加了这次活动。在 2022 年的超级碗比赛（Super Bowl）期间，米勒啤酒（Miller Lite）没有投放任何电视广告，而是把其所有超级碗广告都投放到了 Decentraland 中，建造了"元米勒酒吧"（Meta Lite Bar），邀请粉丝们一起前往。还有许多公司也被发现提交了商标申请，让他们得以在未来的某个地方创造自己的元宇宙事物（也可能是 NFT）。麦当劳、美国药店和保险巨头 CVS、帕尼拉面包店（Panera Bread）和蕾哈娜（Rihanna）创立的时尚品牌 Fenty Beauty 就是其中的几家。

然而，随着 2022 年的到来，虚拟土地的价格开始随着全球经济的普遍放缓而下跌，Decentraland 顺势而为，开始允许大品牌租用空间来开展初步的元宇宙尝试，而不是要求他们直接购买地块，这对公司首席财务官来说可能比市场最热的时候更难说服。网飞利用这次机会，在 2022 年 8 月租用了 45 块地皮，为期一个月，以宣传其电影《灰影人》（The Gray Man）。[11] 当中的互动体验再现了电影中的迷宫，并将有关电影的小问题散布在各处。玩家到达迷宫中心后，便可以在他们连接好的加密货币钱包中记录完成的时间。

2022 年 5 月，一位开发者预测，在 Decentraland 搭建一个店面大约需要 13 500 美元。[12] 网飞的迷宫占地面积很大，这就意味着他们在打造《灰影人》上花费的资金肯定不止于此。但也可以肯定的是，这个元宇宙建造的总成本低于一般的电影广告宣传。据 Decentraland 称，在迷宫上线的第一周，就有 2 000 人通过了迷宫。这样的曝光量是否足以让网飞在 Web3 平台上重复这样的投资，值得关注。

当然，在这些 Web3 世界里也有一些游戏和其他事情可做，但坦白地讲，这类元宇宙似乎更多是为了赚钱，而不是其他。如果你去读一篇关于 Decentraland 或《沙盒》游戏的文章，标题往往与金融方面，或者某个名人的宣传有关，而不是在讲这些世界中的实际体验。这无可厚非，但这真的是元宇宙存在的意义吗？回到我多次提及的问题：这里要解决的问题是什么？

还有一个现实问题是，访问这些 Web3 世界非常困难。Decentraland 是一个特别大的程序，必须先下载到功能配置强大的台式电脑上，然后要花很长时间才能打开。在 Decentraland 中改变位置也需要很长的等待时间，每当你切换到地图上的另一个点时都是如此。由于没有地址目录或搜索引擎，要进行这种移动就必须提前知道目的地的坐标。当然，还需要有一个 MetaMask、WalletConnect 或 CoinBase 钱包，创建一个 Decentraland 账户（我已经"钱包疲劳"了，因为每次参与 Web3 的新项目都需要创建一个新类型的钱包来注册账户，这是目前加密世界中的一个问题——我已经数不清自己到底有多少个加密钱包了）。此外，土地成本也很高。

当看到新闻说，麦当劳等公司申请的商标将来可能被用于在 Web3 世界中创建商店，人们可以在那里订购商品，然后将商品直接送到购买者在物理世界中的家中时，我的第一个想法是："真够麻烦的！"先要启动一个 Web3 世界，然后找出商店在世界的那个角落，再把化身导航到那个特定的地方（在这个过程中可能还要等待新客户端的加载），然后还要协商购买的过程——见鬼，用手机在外卖平台 Door Dash 下单一个巨无霸汉堡要快得多。我们之所以还没有在 Web3 世界中看到像《罗布乐思》那样高水平的商业参与，部分原因可能是企业的营销经理们也意识到，Web3 世界给用户带来的问题比他们解决的问题更多。要进入 Web3 世界，门槛可不是一般的高。

这就引出了一个微妙的话题——这些 Web3 世界究竟有多少用户？2022 年 10 月，数据整合程序 Dapp Radar 披露了 Decentraland 和《沙盒》的日活跃用户数量。他们根据唯一的加密钱包与平台智能合约之间的互动来定义活跃用户。[13] 这种情况一般发生在使用 MANA 或 SAND 进行交易时。（MANA 和 SAND 分别为这两个世界各自的境内代币。）那些只是进来四处逛逛、参加免费活动或与他人交谈，而没有花一分钱的访问用户，不会被算进统计数据里，所以我们可以放心地假设，每个网站的实际访问人数要高于 Dapp Radar 统计出的活跃用户数量。尽管如此，统计结果仍然令人惊讶。Dapp Radar 的数据显示，《沙盒》单日最大活跃用户数量为 4 503 人，而 Decentraland 只有 675 人。Decentraland 对这一数据提出了强烈质疑，声称在 2022 年 9 月期间，他们有 56 700 名访客，但只有 1 074 人（不到 2%）与智能合约发生了互动。这比 Dapp Radar 所调研到的活跃度要高，但如果每 100 位访客中只有不到 2 位与平台或平台上的其他用户产生了经济往来，这对平台的未来前景来说，仍旧不是什么好消息。

Web3 平台 NFT Worlds 的用户数量也从 2021 年的峰值之后大幅跌落，2022 年 9 月全月仅有 235 名用户。[14] 相比之下，《罗布乐思》仅日活跃用户数就有 4 320 万。[15]

2022 年 2 月，加密赌场 ICE Poker 声称，它贡献的日流量占了 Decentraland 日流量的 30%。[16] 也许这就是 Web3 世界要解决的问题——在那里可以用加密货币进行虚拟赌博，像《罗布乐思》和《堡垒之夜》这样更加直接面向儿童的游戏平台禁止几乎所有类型的赌博。我们从数字天堂的愿景中启航，却要在扑克游戏中结束？这不是我心目中的元宇宙。

一个乐观的视角

现在是时候让我收敛一下悲观情绪，来看看基于 Web3 的元宇宙中那些意图明确且积极的项目，因为它们确实存在。其中一个我最喜欢的项目是芬兰国家美术馆（Finnish National Gallery）于 2022 年 10 月在 Decentraland 中建造的 1900 年巴黎世博会（Paris World Fair Exposition）芬兰馆（Finnish Pavilion），这个场馆美轮美奂，令人叹为观止。[17] 在这座标志性建筑中，悬挂着 12 幅画作的复制品，这些画作最初是 1900 年芬兰馆的展品。然而，所有这些作品都是由男性绘制的，因为在那个时代，女性艺术远未得到公众的认可。今天，你可以在元宇宙中解决这一不公平现象，只需在展厅中央的一个小亭子上按下按钮，就能立即将 12 幅由男性艺术家创作的画作换成 12 幅同等重要的同一时代的画作，而且全部由女性创作。这个项目将真实再现历史与理想化重塑历史巧妙地结合在一起，解决了当时我们看不到、但事后我们可以看到的不公正问题。这是一个能够解决问题的 Web3 元宇宙项目，我对此感到非常兴奋！

也许 2022 年最不寻常的元宇宙营销推广活动就是塔可贝尔（Taco Bell）在 8 月份举办的一场婚礼比赛了。被选中的新人将在 Decentraland 中的塔可贝尔婚礼教堂（Taco Bell Wedding Chapel）举行婚礼。[18] 来宾们将因参加婚礼而获得专属 NFT，当然，这对幸运的新人也会收到一张新铸造的结婚证 NFT。我们看到，在疫情期间，许多物理世界的活动，如毕业典礼、婚礼甚至葬礼，都转移到了数字平台上，虽然这个例子是一个特定的营销活动，但它确实强调了数字平台仍然可以将人们从遥远的地方汇聚到一起，参加具有社会意义的活动。

有些人也看到了 Web3 世界普遍围着金钱转的问题，并积极寻求走一条不同的道路。泰国元宇宙初创公司 Translucia 宣布将于 2023 年建立自己的 Web3 世界，重点关注可持续发展。正如总部位于墨尔本的合作伙伴 Two Bulls 公司创始人詹姆斯·凯恩（James Kane）所解释的那样："很多元宇宙都是围绕着牟取暴利和投机主义展开的，而在这个元宇宙中，的确存在一个强大的中心愿景，那就是把人放在第一位，放在金钱之前，放在利益之前，把环境问题放在利益之前。"[19] 这个世界会是什么样子还有待观察，但 Translucia 的意图表明，至少对一些人来说，过度以金钱为中心世界，其局限性会变得越来越明显。

Alóki 是另一个利用 Web3 土地所有权结构来改变物理世界的项目。[20] 在这个项目中，参与者购置的虚拟土地，可以与哥斯达黎加热带雨林中一块 750 英亩（约为 3.04 平方千米）的实际土地相关联。这块土地由种植果树的农民进行可持续管理，如果你在虚拟土地上种下一棵树，他们就会在现实世界中替你种下一棵树。这是在虚拟空间中推出的一款游戏，能让参与者有机会在哥斯达黎加的实际土地上拥有从"玩"到"有"的体验，并有机会赢得前往这片实际土地上与其他社群成员一起度假和聚会的福利。这是另一个前景光明的项目，在我写作的时候它仍处于规划阶段。我们将拭目以待这一创新性的物理 / 虚拟土地双胞胎项目是否真的结出数字和物理果实。

尽管这对有些人来说可能太"黑镜"（Black Mirror）了，但我还是把 Somnium Space 宣布计划建立的"永生"（Live Forever）模式归入积极的 Web3 元宇宙类别。Somnium Space 的创始人阿图尔·瑟乔夫（Artur Sychov）因父亲过早去世而感到悲伤，他意识到或许可以捕捉人们在他的平台上留下的大量信息，靠这些信息来训练人工智能，让人工智能随后重新创造出一个与原先的人在行动、语言和行为上都一样的化身。[21] 与其他 Web3 元宇宙世界相比，Somnium Space 更能真正地实现这一点，因为除了台式电脑终端之外，Somnium Space 还有一个 VR 版本，可以追踪到人们在物理世界中移动身体的方式。《自然》（Nature）杂志在 2020 年的一项研究表明，只要在 VR 中记录一个人的眼睛、嘴巴、躯干和手的动作5 分钟，随后就能从 500 人中挑选出这个人，准确率高达 95%。记录一个人的动作，记录其说话和笑的方式，统计其使用的词汇以及每个词汇的使用频率——没错，元宇宙的确是一个不仅可以记录这一切，还能在日后进行分析并重现的地方。太吓人了？我不这么认为。从某种程度上说，这与使用 VR 捕捉技术来重现受到威胁的文化和地方的智慧与经验并无不同，正如我们此前分析过的梅萨维德和图瓦卢的例子一样。想想看，尽管你所爱的人已经不在人世，但你依旧能观看他们的视频，这是多么有意义的一件事。我能想起那些已经不在我们身边的家人和朋友，想起他们的声音、举止，我多么希望我的孩子们也能听到、看到。我还非常希望能再和爷爷一起玩克里比奇纸牌（Cribbage）。

现在，当我回过头来审视所有这些对我来说展现出积极意义和令人向往的未来的例子时，我发现它们的共同之处在于，它们都与物理世界的事物有所关联，超越了单纯的经济价值——都能解决一个问题。芬兰馆得以重现并纠正了一个有缺陷的历史事件；塔可贝尔小教堂举办了一场有意义的社交活动，让来自各地的亲朋好友都能参与其中；Translucia 的计划解决了环境问题；Alóki 可以优化实际土地所有权并允许虚拟世界中的人们也拥有一块土地；而Somnium Space 甚至跨越了死亡的帷幕，将人们联系在一起。

我们能从 Web3 元宇宙中学到什么？这无疑表明，人们希望通过投资元宇宙来赚钱，但如果这就是这个世界的全部，一旦新鲜感消失，人们还会如约而至吗？一个与物理世界中的事物毫无关联的数字世界——那么，是否就无关痛痒了呢？也许，我们在 Web3 元宇宙中看到的一些东西是一个反面教材，它告诉我们，如果我们想要创造参与者的热情和项目的持久性，就不应该做什么，这与我们在社交元宇宙案例中看到的自以为是（和虚无）的建设并无太大区别。

也有可能是我完全忽略了数字地产所有权的价值或效用。我对以地产为驱动力的元宇宙项目仍持高度批评态度，但也保持着开放的心态。有可能是 Web3 地产世界缺少了某个微小的支点，而这个支点能让所有这些项目与我们所有人产生紧密关联。但至少就目前而言，还没有定论。

什么才是有意义的：通过 NFT 实现数字稀缺性

如前所述，我对 Web3 地产的主要反对意见之一在于虽然一块土地可以在区块链上被唯一拥有和担保，但大多数这类世界的一个特点就是瞬时转移，这使得"毗邻"这一概念——以及一块地皮相对于另一块地皮的价值——从本质上失去了意义。

区块链在元宇宙中存在的真正意义在于 NFT 的铸造。NFT 通常代表一种事物，而不是一个地方，由艺术家、建筑师、理想品牌所创造，因生产数量有限，所以稀缺性得以保证。由于 NFT 可便携，因此不会让人产生错觉，认为其物理位置有任何影响，从而避免了区块链担保的虚拟地皮存在"区位估值过高陷阱"。

NFT 直接击中了我们大脑中的时尚 / 收藏区，让我们想要用酷炫的东西来装饰身体，或者想要收藏全套把收藏柜上的所有空间都填满。我们会花钱把自己打扮得漂漂亮亮，把收藏架摆得满满当当，而且我们会觉得，自己确实从拥有这些梦寐以求的物品中获得了价值。我之前花了很多钱来集齐辛普森一家系列的乐高迷你人仔收藏，如果你问我为什么，我的回答其实很简单，就是那句著名的"因为它就在那儿！"（Because it's there!）

NFT 创造者在为其产品创造可取性和吸引力方面采取了更进一步的措施，即增加数字功能，最典型的做法是将 NFT 变成独家在线俱乐部和活动的会员代币。想要加入无聊猿游艇俱乐部，就得拥有无聊猿 NFT，这可能是最著名的例子，因为它有大量名人为其代言（后来听说这些代言都是花钱买来的），[22] 但还有很多类似的迷你社区，它们的做法花样儿不多。一个典型的例子是，元宇宙投资和开发商 Everyrealm 在 2022 年 2 月举办的元宇宙时装周上发布了几套由 Jonathan Simhkai 设计的时髦服装，作为限量版 NFT。其中一款名为"Lucee"的粉色华丽礼服 NFT 售价 0.21 以太币，当时折合 627.18 美元。对于一条真实的裙子来说，这也算是一笔不小的数目了，何况还是一条虚拟裙子，尽管让你的 Ready Player Me 化身穿上这件绚丽的衣服后，在多个程序里都可以身着这条裙子。购买者还被加入了白名单，可参与今后所有 Everyrealm 的 NFT 发行，优先获得独一无二的限量好物。

如果未来允许购买更多的 NFT 对你来说并不是一个足够信服的驱动因素，那么还有其他的社群创建方法可能会对你有吸引力。著名艺术家、DJ 史蒂夫·青木（Steve Aoki）就是一个非常成功的例子。2021 年 8 月，他创作了 *Dominion X*，这是一段很令人着迷的 3 分钟动画，他将其分为 10 个 30 秒的片段，将每个短片都铸造成独立的 NFT。他在 Nifty Gateway 平台上拍卖了这些片段的 499 份副本，另外还拍卖了一份整部 30 秒短片的副本。[23] *Dominion X* NFT 的所有者除了拥有炫耀的资本以外，还在现实世界中获得了福利，包括演唱会门票和访问专属 Discord 频道的权限。一整套里的 500 个短片 NFT 在 7 秒内就销售一空，整部短片作为单个 NFT 售出 26 000 美元。我不知道是否有人打算收集全部 10 个片段，以便拥有整部影片的副本，但我相信至少对一些买家来说，诱惑是存在的。

因为整个体验都非常成功，青木在 2022 年携作品 *Replicant X* 回归，它是由 4 000 个 NFT 组成的集合，与 *Dominion X* 源自同一创意体系。这些 NFT 是静态图像，而不是视频片段。但正如网站解释的那样，NFT 所有者可以"体验一种新型的社群驱动、游戏化的故事讲述方式"。你能有机会在一部动画系列剧的创作过程中就给予创作者帮助。[24] 目前还不清楚这对 4 000 名潜在合作者有什么用，但可以肯定的是，拥有 NFT 能让你更接近史蒂夫·青木和他的创作过程，这对忠实粉丝来说将是一次非常有意义的体验。

有些 NFT 具有很高的社会声望，只因为拥有之后能够炫耀，除此之外，没有任何实际用处。Larva Labs 公司于 2017 年首次发行的一套 10 000 枚"加密朋克"（Crypto Punks）就是一个很好的例子。尽管都是些低分辨率、24×24 像素的铅笔脖瘦朋克头像，但在 2021 年却大受欢迎。在流行的最鼎盛时期，甚至连 Visa 也投资了自己的第一个 NFT，以 15 万美元的价格购买了 Crypto Punks 第 7610 号，并表示"NFT 将在未来的零售、社交媒体、娱乐和商业中发挥重要作用"，而且他们购买该资产是为了"获取一手资料来了解全球品牌在购买、存储和利用 NFT 时对基础设施的要求"，这个理由算是合理。[25] 我不确定我是否能说服我的管理层为了一次学习探索而花那么多钱，但我想说的是，要想了解这个市场以及它可能给公司带来的机遇，就必须参与其中。

现在我们把关注点从投资者转向创作者。NFT 有效解决了世界各地艺术家面临的两个重大问题。一个问题是，在传统媒体中，艺术家只能从作品的首次销售中赚钱。由于 NFT 是在区块链上铸造的，并且作品的元数据中含有原作者的信息，因此艺术家可以无限期地从作品的每一次后续销售中获得一定比例的收益。无论是视觉作品、音乐，还是派克峰（Pike's Peak）的完整数字副本，都是如此。这能够确保世界各地的创作者们从自己的杰作中获得收入，因此极大地激励了他们在数字空间中创作。

NFT 有效解决的第二个问题，与曝光率带来的挑战相关。在传统艺术界，为了让更多的人看到你的艺术作品，你必须找到赞助人、画廊、唱片公司或其他发行单位，而这些可能会：（1）最终让你的艺术理念大打折扣；（2）从你创造的收益中抽走太多利润。Web3 元宇宙的 NFT 市场使艺术家无须与出品公司合作。2022 年3 月，哥伦比亚广播公司发行的纪录片《欢迎来到元宇宙》讲述了一名 15 岁的 NFT 艺术家杰登·斯蒂普（Jaiden Stipp）的崛起之路，他根据自己的画作来铸造 NFT，第一年就赚了一百多万美元。在影片中，斯蒂普将自己的成功直接归功于数字平台的民主化："我非常确信这个 NFT 空间能让更多人发挥创造力，任何人都可以轻松铸币或宣传自己。你不需要联系画廊，你只需要把你的名字公之于众，为人所知。"[26]

NFT 的一个缺点是，虽然发现和购买是高度民主化的过程，但仍然与区块链和其铸造平台紧密相关。例如，如果使用 Tezos 币购买 NFT，就必须将其存储在 Tezos 钱包中。Genee AR 在打破NFT 孤岛方面迈出了一小步，推出了基于浏览器的多人游戏《全明星 NFT》（NFT All Stars），其中包含来自多个 NFT 世界的角色，如 The Sandbox、Non-Fungible People、Ready Player Me Punks、Doodles 等。NFT 所有者可以使用 Metamask 钱包登录，并扮演该钱包中持有的 NFT 角色来进行游戏。[27]《全明星 NFT》本身并不是一个跨钱包项目，只是与 Metamask 相连，但至少它的出现代表了一座跨越鸿沟的绳桥开始架起，将多个 NFT 世界的丰富视觉效果带入一个游戏竞技场。

几个 Web3 项目试图将数字土地和 NFT 所有权这两者各自最大的优势，通过"从玩到赚"的游戏模式结合起来。这方面的例子包括多人游戏 DeFi Kingdoms 和 Treeverse。目前仍在开发中的

Illuvium 是基于以太坊的世界，它试图将数字土地和 NFT 所有权的最佳方面用《宝可梦 GO》一类的游戏玩法结合起来。玩家可以直接花钱购买土地，在 *Illuvium* 世界中发现资产，并通过赢得与他人的战斗来提高自己所持资产的价值，从而有可能赚回当初购买土地所花的钱。早期的游戏计划还展示了一种机制，即允许资产持有者或观众在战斗中下注。没错，就是这样——又回到了赌博。不知为何，在 Web3 元宇宙中，赌博从未远离。

包括 NFT 在内的所有 Web3 项目都笼罩着投机和金融的光环，这让主要面向儿童的游戏平台像躲避瘟疫一样躲避它们。游戏《我的世界》最初表示对 NFT 持开放态度，但在 2022 年 7 月宣布禁止 NFT，称"NFT 项目不能包容我们游戏中所有的群体，会造成富人和穷人分化的局面"，导致孩子们只关注金钱，而不是游戏。[28] Epic 首席执行官蒂姆·斯威尼（Tim Sweeney）表示，公司愿意考虑未来基于区块链的游戏，但他认为 NFT 是"骗局"，所以不会将其引入《堡垒之夜》。[29]

在游戏世界之外，美国有线电视新闻网（CNN）在 2022 年 10 月冷不丁演了一出"NFT 变脸"，突然关闭了其基于美国有线电视新闻网新闻播报铸造 NFT 的 Web3 项目金库，被投资者怒称为"抽地毯"。[30] NFT 持有者会以购买价的 20% 获得补偿，但我相信没有人会对此感到满意。这种"抽地毯"式风险是我对 Web3 世界的另一个担忧——区块链为你的数字资产所有权创建了一个永恒的、去中心化的记录，但如果实际数字资产所在的服务器被一家公司关闭，仅因为该公司决定不再对这个市场感兴趣，或者公司破产了，那会发生什么呢？音乐节 Coachella and Tomorrowland 发行的 NFT

正是遭遇了这种命运，因为加密货币交易所 FTX 在 2022 年 11 月突然倒闭。[31] 存放 NFT 的服务器被关闭，受到影响的 NFT 包括 Coachella 终生通行证 NFT、FTX 铸造的相关艺术品 NFT，以及即使是转移到外部自托管钱包中的 NFT，这导致成千上万的 NFT 持有者无法提取其"永久担保"的资产，在交易所破产程序解决完之前也不可能返还。一片混乱。

换个方向再来看看。2022 年中，Meta 开始允许 Facebook 和 Instagram 用户在自己的账户中显示他们的 NFT，这与此前 Twitter（出现那些无聊猿和 CryptoPunk 化身）的趋势如出一辙。也许更多的主流平台会发现，仅仅展示 NFT 而不提供出售或交易 NFT 的功能是可以接受的，从而远离此类不稳定商品的投机性质。

＊　＊　＊

尽管 Web3 地产世界和 NFT 都由区块链驱动，而且人们对二者的好奇心在某种程度上肯定是由经济利益驱动的，但它们所针对的市场和解决的问题却截然不同。尽管两者仍然与金钱密切相关，但 NFT 的结构有可能解决全球艺术家群体面临的一些非常现实的问题，如发现创收机会，以及可以从流行作品的多次交易中获得经常性收益。至于 Web3 地产——我仍然没有发现它能解决任何问题，只看到了数字地产在高可用性障碍与低功能性相匹配方面的问题。

Spatial 的经历可能预示着 Web3 元宇宙的未来。Spatial 并非 Web3 平台，最初是为打造企业会议空间而建立的，可以通过台式电脑或 VR 头显访问。然而，在 2021 年初，那些希望在非 Web3 世界展示和销售艺术品的 NFT 艺术家们开始在 Spatial 中创建对所有人开放的画廊空间。一时间，NFT 艺术家占据了 Spatial 平台 90%

的总用户量，由此该公司将重心转移到提供预建展示区和以太坊钱包集成，以便服务这些 NFT 艺术家。[32] 一年后，Spatial 已将其创建初衷与业务转折合并，发展出 NFT 画廊和用户自建聚会空间的组合。

Spatial 提供了一个例子，从中可以看出 NFT 怎样在元宇宙中发挥价值，提升访客的体验，而无须置身于一个"每个东西最重要的就是它的价格"的世界。正如奥斯卡·王尔德（Oscar Wilde）所说："如今，尽管万事万物都明码标价，却没人知道它们的真正价值。"至少我认为，这句话是对 Web3 元宇宙地产方面最犀利精准的评价。

第七章

企业元宇宙

目的：利用数字化将无形变为有形，有利于企业展示、可视化和解决问题

解决的问题：将人们与远程的人、地点和事物连接起来，以便实时观察和／或采取行动；对物理世界中肮脏、困难、危险或昂贵的操作流程开展培训；免提式访问任务信息，以提高企业生产率；将假设情景可视化，以发现解决新问题的最有效方法

主要的访问方式：VR、台式电脑、AR

对元宇宙之外的贡献：查看已解决的问题清单，以及更适合大众市场受众的硬件孵化区

到目前为止，我们关注的都是面向大众的元宇宙体验。还有一个全新的元宇宙类别，在很多方面，已经超越了消费元宇宙：工作场所元宇宙，或企业元宇宙。在这个世界里，工厂的工人们只要戴上 Hololens 头显就能获得帮助、完成任务；数字孪生应用已经非常成熟；一个高分辨率 VR 头显的价格可能高达 15 000 美元。

这类元宇宙通常不会像消费元宇宙那样容易看到。其中一个原因是，企业不会向外部任何人公开它们的元宇宙构建，就像公司保护自己的内网不向公众开放一样。这就意味着，我们没机会知道某家公司最新的 VR 发展成果，除非这家公司选择在新闻稿里向公众透露；而对于能带来显著竞争优势的 VR 或 AR 构建，精明的公司会将相关信息保密。在企业级元宇宙领域，我们往往也不会听到失

败的消息；如果实验出了问题，最好的情况是公司内部小范围悄悄学习如何做得更好，最坏的情况是公司放弃整个元宇宙议题，从此不再涉足。不过，企业元宇宙也有很多成功案例。如果你有兴趣了解更多关于企业应用元宇宙的最佳实践，我推荐 2021 年由 Kogan Page 出版的杰里米·道尔顿（Jeremy Dalton）的书《检验现实》（*Reality Check*）。他在书中披露了自己在普华永道（PwC）担任元宇宙技术总监的经验。

尽管出于安全考虑，这些公司的元宇宙永远不会与自己墙外的任何东西相互连接，永远留在自己的小岛上，但出于三个主要原因，它们还是值得被关注的：

1. 企业元宇宙总是为了解决问题而建立的。如果没有改进流程或降低运营成本的承诺，任何首席财务官都不会批准项目支出。如今，研究企业元宇宙的部署方式能提供一个非常好的视角，去了解该技术在哪些方面为人类事业做出最重要的贡献。

2. 与个人用户相比，企业更有可能负担得起昂贵的高端设备，从而为先进的实验性硬件创造市场。企业在高端设备上的投入启动了发展的飞轮，最终会使普通大众也负担得起同样的技术。

3. 通过要求员工佩戴特定的硬件（如 AR 头显）来完成特定的工作任务，企业可以让员工直接体验 AR 和 VR 的功能。这就造就了一支跨行业的劳动大军，他们已经对 AR 和 VR 有了亲身体验，并能开始想象这些技术如何在自己的生活中发挥作用。这些经验丰富的员工可以成为未来早一批运用元宇宙技术的潜在大军。

最后两点对于一个新行业的诞生至关重要，就像 20 世纪 90 年代初移动电话的发展一样。在那个老掉牙的时代，移动电话只能做一件事：打电话。那时，就连短信也是未来的事。手机机身像砖头一样笨重，而且不美观。随着时间的推移，越来越多的人收到雇主提供的这种手机，因为公司意识到，当员工不在办公桌前，甚至不在办公室时，能够与他们取得联系是有好处的。随着越来越多的公司购买这些手机，他们的支出创造了大量的现金流入，为下一波手机硬件和软件的开发提供了资金。渐渐地，手机变得越来越小、越来越轻，功能也越来越多，慢慢发展成为一个普通的、可负担得起的计算平台，非常适合为大量用户提供新的、可赢利的服务。在某个时候，手机从企业提供给员工的公司用品转变成为大多数人自己购买和珍藏的消费品。

我们将在企业元宇宙中看到类似的发展进程。许多人的第一次 VR 体验——尤其是第一次基于头显设备的 AR 体验——将在工作中获得，而且这一体验还要通过使用一种笨重且不美观的设备来实现。员工佩戴这些笨重的头显是因为工作需要，正如早期员工需要携带笨重的手机（之前还有传呼机）是雇主的要求一样。随着时间的推移，技术会不断进步，设备本身也会慢慢转变为消费品，发展过于成熟后以至于我们最终会忘记我们的第一副 AR 头显确确实实是由雇主提供的，就像上了一定年纪的人（也就是我）已经普遍忘记了他们在 20 世纪 90 年代的第一部手机是由当时供职的工作单位交到手里的。

尽管企业元宇宙永远不会越过使用它的工厂或办公场所的围墙，但企业元宇宙对使用它的员工所进行的教育将产生连锁反应，这对元宇宙意识的建立以及人们希望的普通民众的体验热情，将产生长远而强烈的积极影响。

培训：唾手可得的果实

让我们的企业元宇宙之旅从培训开始，从最容易理解的也可能是如今传播最广的企业用途元宇宙技术开始谈起。尤其是沉浸式 VR 技术，特别适合为那些在物理现实世界中搭建会产生肮脏、困难、危险或昂贵等问题的培训场景创造安全、成本相对较低的环境。它可以减少或消除教师和学生与培训相关的差旅费用；即使是最复杂的机器，也可以让更多的人通过虚拟途径接受培训，而不局限于经过培训能在物理世界中使用机器的那一小部分人。我们已经看到，许多政府机构已经开始投资应用 VR 技术的培训，向身在农村或地理位置不便的地区的人们提供帮助。在同样明显优势的推动下，来自许多行业的越来越多的商业企业已经接受了基于 VR 技术的培训，并将其作为企业文化的一部分。[1] 沃尔玛（Walmart）和麦当劳使用 VR 技术对员工进行客服培训。波音公司（Boeing）利用 VR 技术培训未来的宇航员。联邦快递（FedEx）和 UPS 快递公司利用 VR 技术对司机进行出车前培训。美国银行（Bank of America）利用 VR 技术培训员工如何处理棘手的谈话。

VR 技术不仅能让培训更安全、更普及、更具成本效益，其固有的优势还能让它在各种情况下都优于真人培训。例如，因为某个新手犯了一个菜鸟级错误，导致生产线停工，这对任何公司来说都是一笔巨大的损失。在福特汽车公司（Ford Motors），每分钟都有一辆新的 F-150 皮卡车下线。每辆皮卡车的成本约为 4 万美元，这意味着任何一次装配线停工都会让福特公司每分钟至少损失 4 万美元。而在 VR 环境中培训新人，可以让他们远离实际生产线，确保生产线安全，其中的好处显而易见。[2] 请让行为不可预知的人们远离机器，直到确定他们清楚地知道自己在做什么。

VR 培训的第二个优势在于我们之前讲到的一个例子，即对韩国老年驾驶员的能力测评：在 VR 中，一切都是可衡量的。我在 Immerse 平台的一次 VR 培训中亲身体会到了这一点。Immerse 是最早也是最成功的 VR 培训专家之一。几年前，Immerse 为壳牌公司（Shell）设计了一个培训场景，教学员如何将炼油厂的油从一个油罐转移到第二个油罐。Immerse 非常耐心地带我体验了这个场景，之后他们向我展示了如何记录我为实现更大目标而执行的每一个微观任务，包括每个动作之间的时间间隔。尽管我最终还是把正确的管道连接到了正确的油箱上，但我的行动记录显示，有那么一瞬间，我按错了开关，而在现实世界中，这个错误动作可能会让我所站的平台被油淹没。这可不是什么好事。我还不得不站在原地思考了好一会儿，才想出下一步该怎么做，这也说明我还没能达到获得油田认证的资格。如果物理世界中的人类评审员，恰好在错误的时间瞥了一眼别处（"看，一只鸟！"），这两个失误点可能都会被他们漏看。

我在虚拟炼油厂的失误可以通过 VR 训练的第三大超级能力来克服：反复重复一个动作的能力，直到你对它了如指掌，并能向别人证明你做到了。这在手术或驾驶飞机等生死攸关的领域尤为重要。能够将一个过程虚拟重复 10 次、20 次或 100 次，会让医生或飞行员变得更优秀，尤其是如果可以通过虚拟测试跟踪单个微动作的速度和确定性，从而验证他们的专业知识。事实上，研究表明，与使用偏传统的培训方法相比，受训者在 VR 模拟器上的表现更能预测其在物理世界中的实践成功与否。[3] 在 VR 中，所有的学习过程都不会危及任何人的生命，而在物理世界中，当学习者仍处于陡峭的学习曲线上时，情况并非总是如此。这也是针对不寻常、罕见、危险情况采用 VR 训练的一个巨大优势。比方说，在物理世界中要积累丰富的拆弹经验而不冒巨大风险是很难的，但在 VR 中重复使用多种不同类型的炸弹，能让学员学会即使在野外非常罕见的情况才能用到的专业技能。数字培训一旦创建，还可以广泛地、即时地与整个团队共享学习经验，无论他们身在何处。这样一来，拆弹小组的每个人都能掌握同样的专业知识，即使学习对象是并不常见的设备。[4]

虚拟培训的第四个优势是，除了可以看到物理世界中存在的东西，还可以向你展示数字化的内部结构和注释，帮助你理解整个系统中各个组成部分的更大功能，从而帮助你更快地学会如何操作。回到油箱的例子，Immerse 的培训向我展示了每根管道上的数字箭头，指示内部石油的流动方向。看到这些信息，我就更容易理解什么流向哪里，也就更容易理解为什么要先关闭这根管道，再关闭那根管道。如果在物理世界中，你所能看到的只是缠结成一团的、难以捉摸的金属。有了 VR 的帮助，培训就不再是需要死记硬背一系列离散动作的负担，而是一个让人了解全局、更能感到欣慰的过程。

如今，几乎所有的企业培训系统都是预先录制的类元宇宙体验，但它们已经足够普及，很可能成为许多人的第一次 VR 体验，因此是通往完全元宇宙体验的重要匝道，将用户与另一个现实实时连接起来。现在，我们来看看在工作场所中数字 / 物理实时融合的一个主要类别：临场感。

临场感：不止于会议

临场感指的是让你在感知上接近另一个人、事物、地点或信息集，在企业元宇宙中，这么做通常是为了解决问题。通过将不同的现实相互连接，来创建数字存在感的方法有很多，这里我们将介绍其中的六种。

在 VR 中对话

我们要探讨的第一种"临场感"，可以将多人实时联合起来，以便进行对话、信息共享、分析和头脑风暴。与元宇宙中的许多公司和技术一样，这一领域在新冠大流行期间得以蓬勃发展，因为当时人们无法外出旅行，需要寻找其他有效的互动方式。人们在这种情况下感到非常不便：白板演示和其他类型的抽象构思图，或者任何可以将想法展示给所有人看的东西。台式电脑能实现的方式往往很笨重：创意面板可能会变得很大，有时大到很难浏览每个人的贡献。

这正是 VR 会议平台的优势所在。在 RAUM、MeetinVR、Arthur、Engage 等 VR 工作环境中，每个人都是在全数字化、沉浸式环境中的化身。这些环境通常建筑精美，位于热带岛屿或高耸的火山山腰等让人灵感迸发的好地方。每个平台都提供各种便于使用的工具，用于创建数字图画、笔记和对象，它们可以悬挂在半空中，也可以变大或变小，任何人都可以重新排列，从而使团队合作和头脑风暴变得无比直观可视、参与感也更强。

SAP 数字销售学院经验丰富的元宇宙培训负责人帕特里克·费什（Patrick Fish）向我解释了在元宇宙小组会议上能够以数字方式代表任何事物的好处。

这听起来有悖常理，但在我为 SAP 在 RAUM 举办的 VR 培训课程中，我会让小组成员在一个完全空旷的房间里开始学习。然后，我要求他们为我创建一个流程展示，比如一个特定的客户旅程展示。很快，在不知不觉中，学生们已经创建好了场景：客户在办公桌前，电话在这边，仓库在那边，送货卡车在他们之间的路上，等等。所有这些都是三维的，而且非常容易构建和修改，同时他们也可以思考整个过程以及每一步所需要的支持系统。让学生自己创造一切，而不是坐在那里观看枯燥无味的幻灯片（大多数学生在一小时内就会忘记），能激励他们深入思考，极大地促进对议题的理解、记忆和洞察力，甚至能激发出意想不到的创新。

帕特里克还发现，VR 会议空间非常适合团队建设。有一次团队聚会，他没有时间提前布置VR空间，而团队成员都是远程工作，最后他只得在虚拟房间里的各面墙上贴上纸条："在这里建一个熔岩坑""在这里建一个玩具店"。参加派对的人尽情发挥自己的想象力建造各个区域——"创造力得到了疯狂的释放！"——团队成员之间的关系纽带因此更加坚固。如果帕特里克自己提前搭建好，团建效果肯定不如这样好。帕特里克的经历表明，元宇宙是展示和互动的理想场所，可以通过对抽象概念的亲身体验与他人建立联系，培养新的想法。

　　企业 VR 会议空间也非常适合偏传统的交流形式，比如给群体做演讲，因为它们可以轻松实现比物理世界更高的观众互动性。帕特里克和我最初相识是在 RAUM 的一次年终庆典上，当时我们都是讨论小组成员，在台上探讨元宇宙，观众就在我们前方。RAUM 背后的天才们[5]想出了一些非常奇妙的点子来增加演说的互动性，其中最棒的点子就是在我们的探讨过程中，每隔几分钟就穿插进一道多项选择题，然后问观众他们会选哪一个选项。每提出一个问题，观众都会迅速将自己分到标有 A、B、C 的区域中的一个，这个过程比网络投票更快，甚至让一些人有机会通过站在两个空间之间来表明他们既赞成 A 选项，也赞成 B 选项。尽管观众都被静音了，但他们能够在我们讨论的同时移动位置，对我们正在讨论的问题发表自己的各种意见，这使得观众也成为信息共享体验的积极参与者，这与在常规会议中观众只能从台上看到椅子上一排模糊的圆球相比进步明显。

　　在 VR 中开会的一个不那么显而易见却至关重要的方面是，它需要你全神贯注。一位市场营销高管说得很明白，他任职的公司将所有内部会议都搬到了元宇宙中，他发现戴上 VR 头显后，就无法在同一时间偷偷收发电子邮件了。他说："你戴上了一个真正意义上的眼罩，根本没法分心。我感觉自己进入了一种更深层次的工作状态。"[6]

　　在沉浸式的 VR 空间中举行会议的另一个好处，可能来自许多数字会议空间本身的宽敞。研究发现，当我们身处广阔的空间时，我们的思维更有创造力，也更开阔。[7] 斯坦福大学的研究人员专门在 VR 环境中研究了这一问题，他们发现，在开阔的虚拟空间中，参与者不仅对任务表现出了更广泛的创造性反应，而且"与学生在受限的环境中互动相比，许多积极的衡量指标，如群体凝聚力、愉悦感、兴奋感、存在感和享受感都有所提高"。[8] 带有树木、云朵等自然元素的户外环境也能有效调动参与者的积极性，无论表面上的空间大小如何。开会时，带上蓬松的白云和数字棕榈树吧！

企业可以通过不同方式使用 VR 会议空间，要么与平台提供商签约，不定期使用通用会议室；要么像 SAP 与 RAUM 合作那样，通过订购来拥有自己的持续的、可定制的数字空间，供团队长期使用。埃森哲（Accenture）等其他公司则走得更远，为企业活动建立了自己的数字空间。埃森哲与微软合作开发的专用 Nth Floor 包含了全球多个城市当地办公室的数字孪生空间，还有一个完全虚拟的园区 One Accenture Park，专门为埃森哲全球所有新员工提供同样的入职体验，从而统一埃森哲的企业文化，帮助新员工从入职第一天起就能接触到各种各样的人，无论他们的物理位置在哪里。[9]

通过台式电脑对话（和打字）

在这些房间里进行的大多数互动，都是对话和对数字对象的操控，因为一个非常实际的原因：大多数的 VR 头显戴在头上后，人就看不到自己的实体笔记本电脑键盘或桌子了，因此也就无法书写任何东西。Meta 和其他公司正在努力通过直通视频和其他解决方案（包括在 Meta Quest Pro 头显上拓宽周边视野）来改变这种状况，但无键盘 VR 头显会议目前仍是主流现实。不过，也有一些纯粹通过电脑访问的 VR 会议空间可以摆脱这种限制。Virbela 平台就是其中之一，它和一些完全基于 VR 的数字工作空间一样，可以为你打造自己的企业或活动园区。采用非 VR 技术的优势在于，Virbela 是专为人们长时间工作而设计的平台，而不仅仅为了开一次会。这样你就有机会让自己的化身与同样在这个空间里的同事的化身不期而遇，在饮水机旁聊聊天（当大部分员工不经常来办公室时，这种谈话就会消失）。

Virbela 正如他们自己所说的"自己喝自己的香槟"，Virbela 公司员工不仅每天都在他们的平台上工作，而且他们还通过 Virbela 进行所有的招聘，根本没见过新员工本人。在面试时，应聘者可以随意按照自己的想法定制化身。公司总裁亚历克斯·豪兰德（Alex Howland）说："我们正试图在招聘过程中消除无意识的偏见，我确信在某个地方存在着某种我们还没有意识到的偏见，但我们至少正试图消除一些与外貌有关的偏见。"[10]

韩国初创公司 Zingbang 将专用企业园区的概念向前推进了一步，建造了 Prop Tech Tower。这是一个用台式电脑访问的虚拟 3D 办公楼环境，与 Virbela 非常相似。Zingbang 吸引企业入驻该塔的理由是，虚拟办公室比实体办公地点更具有可持续性，因为虚拟办公室不占用土地，也不会产生相应的成本，员工也不会在通勤过程中浪费体力和精神。这种营销方式取得了成功：截至 2022 年 1 月，已有 20 家公司的两千多名员工入驻 PropTech 的 30 个楼层。[11]

安永（EY）的舒布拉·卡图里亚（Shubhra Kathuria）向我描述了在这样一个虚拟办公空间工作的感受，她带我参观了 EY Wavespace 的专用企业元宇宙。舒布拉是产品负责人，她和她的团队为公司的设计思维实践创建元宇宙环境。和 Virbela 的员工一样，她和同事们每天都在通过台式电脑访问自己公司的元宇宙空间。工作日一开始，他们就会登进 EY Wavespace，先让所有化身开一个简短的站立会议。然后，各自把化身送回各自的个人 EY Wavespace 办公桌。在那里，人们可以看到其他化身也都坐在各自的办公桌前。舒布拉告诉我，他们只需把笔记本电脑上的窗口打开，在物理世界中的电脑上的其他窗口继续处理其他工作。如果她想和同事说几句话，就会跳回 EY Wavespace 窗口，看看同事的化身是否还在办公室，是否有空。如果有空，她就让自己的化身走到同事的虚拟办公桌前聊天，或者两人可以到会议室进行更私密的讨论。

EY Wavespace 给人的感觉是如此自然，真的就像办公室一样，而且即使作为一名访客，我也能感觉到在这里工作的团队成员，这让我感到很惊讶。让虚拟化身共享一个数字空间，让人们有机会进行交谈，也可以像在办公室里那样和人互动和闲聊。只要看到其他化身在那里，时不时地与他们随意交流，就能有效地建立融洽的关系和团队意识。我觉得这种方式会很奏效，让身处世界各个地方的团队成员（无论他们是否远程工作）建立联系和有效沟通。

EY Wavespace 还配备专门的冥想室和瑜伽室，EY 员工可以进入这些房间进行两分钟的冥想或呼吸练习。这表明元宇宙是一种有用且高效的方式，将干扰降至最低的情况下把健康生活带进工作日。舒布拉解释说："我们要想了解元宇宙能为客户做些什么，最好的办法就是自己去使用它。我们总是能发现新的东西并去尝试和改进。如果我们自己不是元宇宙的活跃用户，就根本想不到这些。"

人不在那儿，也能看到

此前所讲都是关于在数字环境中将人们汇聚在一起交谈，现在我们来谈谈如何让人们在物理空间中，以虚拟的形式汇聚在一起。Avatour 是这方面的一家领先公司，通过一个亲临现场的人携带的360 度摄像头，可以远程考察工业和商业地产。当他们扛着摄像机四处走动时，多名远程观众可以通过 VR 头显或台式电脑观看实时画面，且可以自由地 360 度查看现场直播中的任何地方。该系统不仅能录下完整的视频流，还能记录每个观众在参观过程中关注的每个点的视频流部分，因此观众日后可以百分之百地确定没有任何内容逃脱了他们的关注，而且如果回放的时候有遗漏，还能再次查看。

Avatour 的实地考察解决方案将物理地点的实时视频与每个虚拟观众的数字目光交织在一起，为公司提供了一条提高效率的新途径，而无须花费实际旅行的时间和成本。这种解决方案可能不属于传统意义上的元宇宙，但对我来说，Avatour 将数字和物理结合起来，将我当前的现实与遥远的物理地点实时连接起来，以绝妙的方式解决了一个实际的业务问题，这绝对符合元宇宙的定义。

远程控制：我有超能力！

远程操作领域采用了我们上面看到的基于视觉和对话的数字存在实例，并增加了一个更重要的组成部分：不仅能够观察，还能在物理世界中远距离采取行动。这是 VR 技术的另一个闪光点，因为它能够让用户通过 360 度视频画面看到空间周围的各个方向，从而在行动前最大限度地确保安全。

日本铁路公司 JR West 正计划与日本信号公司（Nippon Signal）

合作，利用重型工业机器人建造新的铁路基础设施，并由佩戴 VR 头显的人类工人在安全距离之外的地方进行操控。其目的是减少人类工人的意外坠落、挤压和触电伤害，这听起来是一个非常好的主意。而且，作为该计划的一部分，已经制造出来的机器人看起来就像一个非常大的变形金刚，这也无伤大雅，也让我看到了迄今为止最喜欢的元宇宙新闻标题之一——《巨型 VR 机器人正在日本建造铁路》。[12] 这种感觉太好了。

另一家看到远程操作在大型工业机械上的优势的公司是 Sarcos，该公司为各种环境制造外骨骼和机械臂。Sarcos 意识到，在执行特别危险的任务（如移动爆炸物）时，将人体绑在外骨骼上并不总是理想的办法，因此正在开发 Guardian XT 平台。与日本的例子一样，这种远程操作的敏捷机器人由站在安全距离之外、佩戴 VR 头显的人类控制，该 VR 头显与机器人头部所在位置的 360 度摄像头相连接。[13]

Sarcos 和 JR West 的例子都要求操作员与被操作的机器人之间保持一定距离，以确保人类安全。Headwall 则是一家反其道而行之的公司，它提供的产品通过消除物理距离来引入临场感。Headwall 专为拥有指挥中心的企业设计——就是那种一面墙上挂满屏幕的大房间，这样房间里的人就可以同时接收来自多个系统的信息——利用 VR 技术，让不在指挥中心的人也能以单一视角看到所有屏幕。[14] 如果发生紧急情况，关键决策者需要即时访问多系统信息，但又没有时间前往实体指挥中心，哪怕是几分钟的路程，这种时候最能凸显 Headwall 的作用。Headwall 提供的不仅仅是观看屏幕，还能在 VR 界面上控制远程摄像机，这些摄像机的画面是指挥中心阵列的一部分。正是这种实时双向 VR 界面将 Headwall 带入了企业元宇宙。

也许只是我的错觉，但远程操作领域的一些东西——由躲在角落里的某个人控制的巨型机器人操控可能在监控倒计时的控制室——一直在我的大脑中按下"詹姆斯·邦德"（James Bond）的按钮。在接下来的章节中，我们肯定也会进入 Q 区。

终于，在我们的数字世界中加入了物理世界

到目前为止，我们在书中看到的几乎所有元宇宙例子都属于沉浸式的 3D 数字世界类别，即使是在 2D 屏幕上观看也是如此。回看第一章中的图 1.1，这些都在右边的完全数字化一栏中，在图 7.1 中已被标灰。如果你一直想知道我们什么时候开始讲左侧的"数字 + 物理"一栏中的例子，那么现在是时候了。

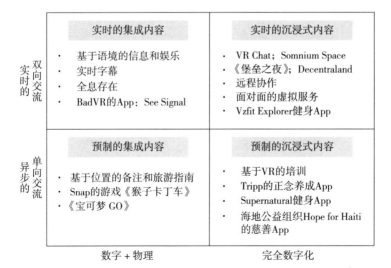

图 7.1　将重点转移到数字 + 物理领域

在"数字＋物理"类别中，你仍然可以立足于并感知物理现实世界。计算机生成的元素可以提供额外的信息（或者，通常在消费领域，提供娱乐），这些元素以可视化的方式集成到你的空间中，增强你在物理世界中的体验。这就是AR，有别于我们目前讨论的完全沉浸式、完全数字化的VR。智能眼镜可以让你看到飘浮在半空中的信息，从技术上讲，它属于辅助现实范畴，是AR的一个子集，但由于缺乏与物理世界的整合，它本身实际上并不生成AR。我将使用AR作为一个统称来指代辅助现实和AR。（这些单独的定义实际上并没有改变什么，但如果你遇到一个老学究，知道这些定义还是很有好处的。这种情况时有发生。）

在讲企业元宇宙之前，我们之所以没有将AR引入元宇宙的讨论当中，主要是因为如今的"数字＋物理"AR元宇宙基本上只存在于企业空间，通过专业的企业AR眼镜来实现。面向消费者的基于智能手机的AR应用程序固然重要，但属于类元宇宙，我们将在下一章讨论它们。如今的AR头显仍然笨重又不时尚，就像早期的手机一样。因此只有在需要时才会佩戴，以完成与工作相关的任务。一旦工作完成，人们就会摘下头显。

听起来AR头显似乎既累赘又不可爱。不过，如今它们的确有点可爱。尽管戴着头盔去杂货店会让我感到不自在，但它们在工作场所却非常有用，企业级AR头显的开发和制造已成为一个快速扩张的领域，预计2022年将成为AR技术中创收最多的类别，达到67亿美元。[15]（广告和营销以41亿美元位居第二。）更令人印象深刻的是，普华永道估计，"AR的经济贡献是VR的两倍多（2021年分别为1 050亿美元和430亿美元），这种情况将持续到2030年

（1.1 万亿美元和 4 510 亿美元）。"[16] AR 技术已经成为一项大业务，而且还在不断增长。

AR 头显之所以吸引人，关键在于它们能让工作人员从外部来源获取信息，无论是来自手册、传感器还是扫描仪，同时还能让他们腾出双手完成工作。例如，2017 年，新加坡樟宜机场（Singapore's Changi Airport）为地勤人员引进了 Vuzix 智能眼镜，使他们能够通过数字叠加立即看到每件货物的目的地和航班号，这些信息通常包含在二维码中，以确保安全。无须每次都拿出 QR 手持扫描仪才能看到信息，这将飞机的装载时间缩短了 25%。[17] 在其他实施方案中，AR 眼镜与传感器生成的物联网（IoT）数据相连接，这样一来，工厂经理只需查看相关机器，就能了解单个设备或整个流程的状态，并以数字叠加的形式接收相关信息。

这两个例子都是 AR 眼镜取代现有设备的案例，例如 QR 手持扫描仪或包含所有最新机器状态信息的平板电脑。但是，平板电脑需要一只手拿着，或者在附近找一个方便的支架来支撑。有了 AR 眼镜，尤其是带有语音菜单的眼镜，你的 10 根手指就都能用来对那边的机器进行操作了。正如我们在樟宜机场看到的那样，当工人们能够在需要的时候更好地获取信息，并且双手都能自由使用时，生产率通常会提高两位数。

连线请教专家

长期以来，AR 头显的王者一直是微软的 Hololens。然而，AR 免提信息界面的潜在需求如此之多，以至于这一领域也出现了数量惊人的公司，如 Magic Leap、Vuzix、Real Wear、Google Glass、

NuEyes、Rockid、Tooz、Iristik、Vufine 等，不胜枚举。

Atheer 公司是这一领域的领军企业之一，该公司早在 2018 年就与保时捷（Porsche）合作创建了 Tech Live Look 系统，车间里的机械师可以戴上眼镜，将看到的情况实时传输给坐在某个地方的专家。然后，专家可以在自己的屏幕上画图，强调机械师应该关注或该做的事情，接着 Tech Live Look 眼镜就会将这些图画显示给机械师，并叠加在正确的发动机部件上。这对搭档还可以通过眼镜直接对话。这是一个典型的"见我所见"（see what I see）专家启用案例，也是 AR 头显最常见的用途之一，从施乐（Xerox）公司的维修人员到电信维修团队，再到制造业的装配线经理，都在使用它。

在保时捷的案例中，使用 Tech Live Look 头显后，平均维修时间缩短了 40%，生产效率的提高令人大开眼界。接着新冠大流行来了。在新冠病毒出现之前，如果你有问题，可以直接向隔壁维修车间的人喊话，而不是戴上这个自己可能都不太确信的头戴式新玩意儿。当疫情来袭，突然间隔壁的车间就再也没有人可以让你问了。"现在要么戴上滑稽的头显，要么什么都不戴——我想我还是试试这个滑稽的头显吧。嘿，还真管用！"因此，在新冠大流行之后，保时捷发现 Tech Live Look 系统的使用率上升了 300%。[18]

这有点吓人，但正如新冠大流行极大地推动了数字会议行业的发展一样，它也为元宇宙的许多细分市场，尤其是远程专家 AR 品类的发展绑上了火箭。正如 2021 年 9 月《福布斯》杂志的一篇文章所表述的那样："在新冠大流行之前，许多公司都对 AR 和 VR 有兴趣却持谨慎态度，但只有少数几家公司为使用这些技术真正做好了准备。（从那时起，）AR/VR 已经取得了长足的进步，从一项小众技术发展成为跨多个行业的增长趋势。"[19] 如今，美国亨氏（Heinz）和英国诺森伯兰水务（Northumbrian Water）等多家公司，都将 AR 技术应用于工厂车间的机械诊断，以及为在现场处理故障的工人提供远程协助。[20]

这在实践中是什么样的呢？一个典型的例子是，新加坡吉宝岸外与海事公司（Keppel Offshore and Marine）为其海事检查人员引入了 AR 头显，使他们在进行现场资产维护时能够通过眼镜查看工作指令。眼镜界面由语音指令驱动，完全取代了人工检查表和图纸，使双手始终可以自由动作。如果现场人员需要帮助，他们可以通过呼叫专家来远程指导。据吉宝称，如此高效地为检查人员提供信息和指导，可将现场的质检时间减少 50%。[21]

通过与 XR 流媒体公司 Holo-Light 合作，宝马公司将其 AR 工程空间 AR3S（Augmented Reality Engineering Space）用作一个虚拟场所，让多名工程师无论身处世界何处，都能聚集在一起，就新部件设计进行协作。[22] 除了节省差旅费用外，宝马还看到了无须制造和运输多个实体原型而带来的实际经济效益。工程师可以比以前更早地访问和评估设计，从而加快整个设计流程。另外，3D 图像不会像易碎的实体模型那样，在反复操作时发生破裂。

威瑞森通信公司（Verizon）在疫情早期收购了数字会议公司 Blue Jeans，并于 2021 年中期将 Vuzix 的企业级 AR 眼镜集成到 Blue Jeans 平台上。这使得"见我所见"功能不仅可以由一位专家使用，还可以由一群人使用，只要他们都联网到 Blue Jeans 电话会议中就可以实现。在一次巧妙的整合中，Vuzix 的佩戴者只需看向 Blue Jeans 应用程序中的二维码，即可加入电话会议。[23]

不过，如今 AR 头显技术的应用不必纯粹局限于工业领域。Vuzix 的硬件也是我最近最喜欢的一个 AR 案例的核心，即日本饭纲町（Iizuna）的一项远程采买试验，为居家老人提供购物服务。[24] 在试验中，戴着 AR 头盔的代购者在一家 7-Eleven 便利店里看向商品，老年人能够通过点击他们终端的屏幕来指示代购者帮忙采买所需物品，屏幕上的点击信息会转化成购物者的视觉提示。当然，你也可以用智能手机上的 Face Time 通话来做同样的事情，但使用 AR 眼镜的巨大优势还是在于解放双手，因此你不必边拿着手机边购物，也不必担心你想展示的东西是否真的在画面中。

如果你有兴趣亲自尝试这种"见我所见"的 AR 通信，可以试试苹果应用商店（Apple App Store）中的 Show Me 辅助应用。需要帮助的人可以打电话给他们认识的拥有所需专业知识的人，然后打开摄像头，指向他们需要帮助的地方，无论是连接一台新电视，还是找出汽车底下插孔的位置。然后，专家可以激活 Show Me 应用，并用手指着自己的摄像头前面。问题地点和专家手部的两幅图像会合并在一起，这样一来，提问的人就能在自己的智能手机屏幕上通过摄像头实时看到专家手指的指向，并准确地了解到自己应该注意什么。就好像专家站在你的身边，准确地指出你下一步需要做的事。瞧！即时元宇宙！

引介"超级清洁工"

当有人提出将多个单点解决方案整合成一个更大的概念，从而定义一种新的范式时，元宇宙的概念才真正开始开花结果。芬兰国家技术研究中心（VTT Technical Research Center of Finland）是芬兰政府的非营利性技术研发与创新（R&D&I）机构，它将公司与科技汇聚在一起，既提高了行业的技术实力，又解决了国家面临的更大挑战。正如芬兰技术研究中心的马尔库·基维宁（Markku Kivinen）所解释的那样，芬兰和其他许多高度工业化国家都面临一个社会问题，即年轻人不愿从事传统的职业工作，这造成了蓝领工种的劳动力短缺。白领员工通常可以远程工作，但蓝领员工却不行，这似乎不太公平。

基维宁和芬兰技术研究中心都认为，元宇宙可能是吸引和留住年轻员工从事该职业的一种解决方案，特别是"见我所见"的AR元宇宙。基维宁说："想想大楼里的清洁工，在传统工作模式下，他只负责拖干净地和操作吸尘器。而大楼里到处是复杂的机械系统，比如空调和电梯，如果它们出了问题，就得找相应的设备维护专家。这就意味着有很多人不能远程工作，如清洁工和所有这些系统相关的专家。"

他继续说道："现在，想象一个由元宇宙加持的'超级清洁工'（Super Janitor）。在这种情境下，大楼里仍然只有一个主要员工，但他能管所有事。如果电梯坏了，他就戴上AR头显，呼叫电梯专家，后者会用'见我所见'来教他如何修好。如果打印机出了问题，他也会和打印机专家做同样的事。这样一来，作为一名看门人——超级看门人——就变得更有趣、工作也更丰富。在这份工作中，员工可以不断学习各种新知识，当然也能获得更多报酬。现在，专家们也不必再去那些位于偏远郊区的大楼，在路上浪费时间和汽油；他们可以在家里，或海边，或其他地方远程工作，整体工作效率会更高，就像远程工作的白领一样。在这种情形下，这些新技术的使用并没有让工人丧失'人性'变成工具人，而是提高了他们的工作参与度，增强了他们的工作技能，让工作更加以人为中心。"[25]

你听，你听。芬兰技术研究中心还有一个愿景，那就是趁着资深老员工还没退休，利用 AR 头显捕获他们的知识，就算他们退休之后搬到地中海海边的小别墅去住，接下来的很长一段时间内，他们的经验也能传授给下一代。

AR 技术在很大程度上要基于视觉和对话信息的互换，而在共享现实（Shared Reality）技术中，远程工作人员和目标系统都需要使用额外的传感器。远程顾问不仅能看到"超级清洁工"看到的东西，还能接收到他的生物信号和认知状态信息（当然要经过"超级清洁工"的允许才能共享这些信息），还有电梯或复印机的数字孪生映射，以及作为数字孪生系统一部分的任何实时感知数据。将产业链中每个人的感知扩展到视觉信息层面之外，可以推动在物理世界中达成更好的共同决策和工作成果。[26]

回顾互联网的发展历史，我们会发现，一旦基本的基础设施到位，实现转型的公司都是将他人推出的单个构件，以一种新的方式堆叠在一起，以解决一个全新的问题。一个典型的案例是优步（Uber），它将移动互联网、GPS 和支付机制结合在一起，为"对顾客不够友好"的出租车行业提供了另一种出行可能。同样地，由元宇宙而引发的突破性（甚至是颠覆性）发展，也将出自像芬兰技术研究中心这样的组织，因为他们能够超越技术细节，专注一个问题的解决方案，设想出更广阔的技术应用，解决更宏大的问题，不局限于使用 AR 让别人帮忙找出应该把风挡玻璃清洗液倒进汽车的哪里这样的问题。芬兰技术研究中心利用 AR 头显（以及其他技术）让芬兰年轻人对职业生涯充满热情的愿景令人激动，我希望这一切都能够实现。

假使你创造出非常棒的东西，会怎么样呢?

"假使……会怎么样"情景

除了培训和创建远程临场感的多种方式外，企业元宇宙的第三大类别是数字孪生，芬兰技术研究中心的卡罗琳娜·萨米宁（Karolina Salminen）将其作为她的共享现实（Shared Reality）概念的重要组成部分。前几天，当我被要求向听众解释什么是数字孪生时，我被问住了（我回答的时候把自己绕进了一个很奇怪的例子，没让任何人满意），所以我打算求助于维基百科（Wikipedia）来解释这个问题。根据维基百科的说法，数字孪生是真实世界物理系统或过程的虚拟呈现，是其不可区分的数字对应物，用于系统模拟、集成、测试、监测和维护等实际目的。[27]

到目前为止，定义得很好。有时甚至不需要系统或流程，只要创建一个实体复制品就够了。例如，Square Yards 公司为迪拜（Dubai）两千多个潜在的房地产项目创建了一个数字孪生模型，这样用户就可以在这些项目建成之前，以化身的形式探索这些空间，并根据所见做出投资和使用决定。[28]

在建筑建成之前参观大量建筑空间的能力具有明显的实用性。不过，由于我们仍处于使用数字孪生的相对早期阶段，因此有时会忽略解决问题的方面，而将所有精力都投入搭建数字复制品上，却没有足够重视它将创造的价值。这时，我们不妨回顾一下维基百科的定义，它强调数字孪生是用于复制系统或流程，而不是单一的物理实体。正如技术传道者凯文·多诺万（Kevin O'Donovan）所指出的那样，"它关乎模拟，而不是动画"，也就是说，在大多数情况下，仅仅创建出单一的 3D 模型没什么用。相反，将多个数字模型与更广泛的信息系统相结合，并利用这些组合来预览可能发生的变化所带来的影响，才是数字孪生最常提供的最大价值。[29]

新西兰首都惠灵顿（Wellington）是运用数字孪生和跨部门数据混搭技术来深入理解城市规划领域的先驱，也是绝对的明星。在 2020 年疫情封锁开始前的最后一次面对面会谈中，我有幸从惠灵顿市政府战略规划经理肖恩·奥丹（Sean Audain）那里了解到他们卓越的工作。[30] 肖恩向我解释说，惠灵顿早在 2011 年就开始统一城市各部门数据库和计算机系统的工作，是的，确实花了近 10 年的时间来规范数据并完成这项工作——即使城市政府的复杂性不断暴露出新的信息孤岛和机遇，这项工作仍未中断。这项工作不适合胆小怯懦的人，也不适合只关注短期解决方案的机构 / 组织。与此同时，他们还在创建整个城市的 3D 数字孪生系统，尤为关注部门数据中位置信息的识别和标准化，以便在城市数字孪生系统中呈现各种数据点和事件。

惠灵顿运用其数字孪生系统的方式有很多，其中有三种方式让我印象深刻：打造共识、揭露隐患以及为"假使……会怎么样"的情境找到有用的答案。

打造共识

惠灵顿是一座多山城市，环港而建，地处地震带，因此面临着多种自然灾害的严重威胁。在构建城市的数字孪生之后，惠灵顿市议会做的第一件事就是将气候变化的影响可视化，并通过 VR 头显或台式电脑界面展示随着海平面上升，城市的哪些部分——哪些特定建筑以及城市基础设施的其他方面——将首先被淹没或受到影响。肖恩告诉我："因为能够真实地看到可能发生的情况，利益相关者的对话立即发生了转变，从我们是否会遇到问题，转变为讨论解决方案。"

海平面上升的情境，只需了解陆地的地形即可。为了能够预见地震可能造成的影响，城市数字孪生与整个城市范围内土壤成分的精密地质数据以及主要建筑物的建筑信息相结合。有了这些信息，市议会就能非常清晰地预见到哪些街区和建筑面临的风险最大，并在灾难来临之前采取积极措施从地下对其进行加固。由于数字孪生系统能清楚地呈现哪些区域处于危险之中，市议会几乎不用费功夫去争论哪些区域应该被优先处理，因此可以把精力都集中在要做的工作上。他们在这方面做得非常成功。当 2016 年首都遭遇 7.8 级地震袭击时，虽然也造成了毁灭性的破坏，但其严重程度远不及 5 年前 6.3 级地震在克赖斯特彻奇（Christchurch）造成的破坏。

揭露隐患

我在前面提到，惠灵顿市议会经过艰苦努力，将全市所有不同部门的信息数据库规范化。这项工作的成果是，市议会成员现在能够对一些问题的真实情况有画面感认知，而这些问题以前是看不到的，因为有关这些问题的信息分散在不同的市政部门的数据库中。"有画面感认知"是一个很准确的表述。正如肖恩所解释的，"当你看到电子表格中的地点列表时，你很难了解你正在追踪的事物的实际分布或密度。但当你在数字孪生中看到它时，模式就会立即跃然纸上。"

一旦对不同来源的所有数据完成统一化整合，并将其连接到3D地图上，接下来的挑战可能更加艰巨：那就是提出正确的问题。这是一个非常必要的步骤，也往往是海量数据库（怀才不遇）无法实现全部"抱负"的地方。如果只靠数据库管理人员从你建立的巨大数据池挖掘新的洞见，那么你可能无法获得很好的见解，因为你的数据库人员很可能并非一线工作者，也就是服务市民或客户或接听报修电话的人，所以他们根本不知道哪些话题最值得深入探讨。相反，一线服务人员会有一些非常好的想法，知道哪些问题可能潜伏在哪里。（在企业中，市场营销人员甚至高管演讲撰稿人等富有创造性思维的人，也有可能提出不寻常的数据库查询问题，有可能还会一鸣惊人。）

无论如何，惠灵顿市议会中显然有一些杰出的横向思考者，因为当他们将光鲜亮丽的统一数据库连接到城市的3D模型上时，就提出了一个问题："城市里哪个地方呕吐的人最多？"由于呕吐事件是由最先发现的部门来追踪的，因此关于人们在惠灵顿街头呕吐地点的统计数据分散在警察、社会服务和街道清洁等多个不同部门机构的数据库中。现在，这些数据都整合进了一个数据库，还可以在3D城市地图上呈现。很明显，有些街区的街头呕吐现象比其他街区更频繁——主要是在酒吧林立的地方。好吧，这没什么好奇怪的。但令人吃惊的是，有两个呕吐事件集中的地方，它们都紧挨着一家连锁餐厅，为了匿名起见，我们称之为"汉堡孪生餐厅"。

由于担心可能是"汉堡孪生餐厅"的食品安全存在问题，市议会决定进行调查。这意味着他们要在周六晚上坐在"汉堡孪生餐厅"外观察情况。他们发现，人们在邻近的酒吧里喝了很多啤酒，然后就要上厕所，但有时酒吧里的厕所都满员了。于是，喝了太多啤酒的人就会走出酒吧，环顾四周，首先映入眼帘的就是"汉堡孪生餐厅"明亮的灯光。他们朝那里走去，想去上厕所，但刚走到餐厅门口，推拉门就会"咻"的一声打开，随后混杂着汉堡、洋葱和薯条的气味就冲着喝了太多啤酒的人扑面而来，然后就——吐了。"汉堡孪生餐厅"是清白的！呕吐的人甚至都没进过餐厅。市议会由此意识到，真正的问题在于饮酒场所的人均厕所数量不够，因此需要重新讨论这个问题。

作为数字孪生系统中可视化综合数据功效的一个示例，"汉堡孪生餐厅"的故事让人难忘，而且意义重大。如果数据以及显示和共享数据的方法得当，你就会发现之前被隐藏起来的信息，从而帮助你解决你从未意识到但你的市民和 / 或客户肯定已经意识到的问题。

询问"假使……会怎么样"——以及得到答案

"汉堡孪生餐厅"事件就是利用数字孪生来揭示隐藏在众目睽睽之下的、已经存在的东西。数字孪生的下一个重大用途是提出询问，即如果某件事情的处理方式不同于现有的处理方式，可能会发生什么，并探索什么是最好的新的工作方式。

再在惠灵顿停留一会儿，市议会利用他们的多功能数字孪生系统回答了一个"假使……会怎么样"的问题，即在主要交通干道上是否有足够的空间加装通勤列车，从而减少人们从郊区通勤到中心城区所产生的汽车尾气排放。根据数字孪生系统的显示，他们得到了答案，没问题，可以增加轻轨系统，而且还能为自行车、行人和汽车留出足够的空间。由于这一切在 3D 城市副本中都是可见的，市议会的讨论就不必纠结于从物理角度看方案是否可行，可以立即转向其他方面进行讨论，如财政可行性。

再举一个例子（我说过吧，惠灵顿是数字孪生界当之无愧的冠军！），市议会与房地产网站 Homes.co.nz 共享了惠灵顿模型的数据。这些数据与本地公司 Lynker 及其他供应商提供的数据进行了整合，这样一来，潜在的购房者就可以提出"假使……会怎么样"的问题，即依据住宅屋顶的角度及其一年中与太阳的关系，判断该住宅的太阳能供给潜力有多大。再比如，假使业主安装了太阳能电池板，他们的能源支出会减少多少？与以兆瓦为单位的答案相比，这样的答案 / 信息接收方式更容易理解，也更便于沟通。

同样，赫尔辛基市（Helsinki）在过去的 30 年里一直在使用数字模型进行城市规划，允许房主使用城市的数字孪生模型，根据建筑物的位置和吸热情况，比较新的隔热材料、窗户和热泵的成本与潜在的节能和二氧化碳减排效果。赫尔辛基的 3D+ 项目经理亚尔莫·苏米斯托（Jarmo Suomisto）给其他城市规划者的建议是："最好从现实网格模型开始。然后，当市领导了解了该模型的威力后，你就可以获得更多的资源来做更多的事情。你可以在几年内就建好并运行一个良好的模型，然后在此基础上继续发展完善。"[31]

对于拥有海量互联数据和位置信息的全城模型而言，"几年内"确实是项目开发和成果交付的实际可行的时间周期参照。但还有很多更小、更本地化的问题，可以通过更有针对性地应用数字孪生、和询问"假使……会怎么样"来得到答案。在新加坡，南洋理工大学（Nanyang Technological University）利用 VR 做了一项测试：城市环境中植物的存在是否比仅仅将建筑物涂成绿色更有镇静效果。在物理世界中进行测试既困难又昂贵，但在 VR 环境中却很容易实现。研究人员通过模拟相同街道上的植物或大量绿色表面，确定绿色植物确实对体验过丰富植物环境的人产生了明显的镇静效果。[32]

在澳大利亚，墨尔本市（Melbourne）的伯恩利（Burnley）收费隧道出现了问题。基础设施运营商 Transurban 在规划收费隧道时，假定司机会以一定的平均速度通过伯恩利隧道。但是，Transurban 沮丧地发现，司机实际通过隧道的平均速度远远低于他们的预期，由此形成了一个堵塞带，造成了未能预料的、让人讨厌的交通拥堵，并对整个城市产生了连锁影响。但为什么司机们在隧道里的驾驶速度这么慢呢？与其在物理世界中进行昂贵的实验性改变来寻找答案，而且还不能保证成功，他们转而请企业级 VR 服务平台 Snobal 在 VR 模拟中进行实验性改变。Snobal 创建了一个长达 3 公里的拟真虚拟副隧道，并对模型进行多次迭代，对照明、路标和标识等元素进行了调整。通过与多名用户进行 VR 驾驶模拟，跟踪眼球运动和车辆测量等变量，Snobal 能够向 Transurban 展示哪些改变能够最有效地提高驾驶员通过隧道的平均速度，同时又不会使路况加速到造成危险的程度。[33] 像这样的数字孪生项目仅需花费数月而非几年的时间。在虚拟环境中进行实验，然后再在物理世界中进行改变，这种做法的强大能力在这里得到了充分的展示。

* * *

在 2022 年 5 月的一次网络会议上，AR 企业级耳机制造商 RealWear 的首席执行官安德鲁·克里斯托夫斯基（Andrew Chrostowski）说："当我们考虑工业自动化时，我们会想到机械化和消除劳动力的举措。然而，顾名思义，工业元宇宙几乎是一种以人为本的技术，它将这一切都归于人的控制。"[34] 纵观这些来自企业元宇宙的例子，他说得一点也没错。

无论我们是在谈论通过数字孪生找到对流程和系统的新理解，还是在谈论通过"见我所见"的 AR 界面协助"超级清洁工"，抑或在 VR 培训课程中提高某人的技能，所有这些过程都确实在给处于一切中心的人类赋能。我们现在能够看到隐藏的数据、遥远的人和地方、可能的未来状态，并利用这些信息来促进和改善我们更具人性化的决策能力。当然，有许多人工智能组件正在运行，使企业元宇宙的更多其他方面成为可能，但最终的重点几乎都是将新信息呈现到人类的视线中，同时在许多情况下解放人类的双手，使其能够自由动作。

企业元宇宙可能采取不同于消费元宇宙的形式，而且在大多数情况下永远不会与消费元宇宙相连接，但企业元宇宙显然是数字化的、互联的、实时的（在许多情况下）、神奇的，而且最重要的是，它是有效的和相关的。随着企业元宇宙的发展，它将成为一个关键的实验点和训练场，为未来影响我们所有人的变革性元宇宙奠定基础。

第八章

当今的类元宇宙消费 AR

目的：从视觉上将数字信息和娱乐与我们周围的物理世界融为一体

解决的问题：与内容进行更深入的互动，无论是历史、广告，还是事实内容，如物体维度；迷路；化无形为有形

主要的访问方式：智能手机、平板电脑、台式电脑、AR眼镜

对元宇宙之外的贡献：数字／物理的结合，使人们能够更深入地参与和理解物理世界，既可用于写实目的，也可用于幻想目的

终于，针对已有的元宇宙类型、具有影响力的类元宇宙体验以及由这些体验共同构成的未来体验的基础，我们来到了考察的最后一站。对于消费者 AR，我们关注的是异步和实时的数字＋物理体验，即我们在探索企业元宇宙之初用到的图 7.1 左侧一栏中的内容。这些体验大多需要通过智能手机和／或平板电脑获取，不过我们也会看到一些台式电脑和早期 AR 眼镜的使用。从定义上看，这些都不是沉浸式的——在 AR 中，物理世界始终在场。

在智能手机视觉滤镜的推动下，消费级 AR 体验已经非常普及和常用了。在 2022 年第三季度的财报电话会议上，Snap 透露，每天就有 2.5 亿用户（占其客群的近 70%）激活 AR 体验。[1] 尽管是类元宇宙，这一用户数量使得我们一直在讨论的任何其他类型的元宇宙都相形见绌，其中包括叱咤风云的《罗布乐思》（提示：其日

均用户数量为 4 320 万)。² 这意味着很多人已经开始体验并期待将数字化转型融入生活的方方面面而展现出的神奇魔力。这就是这个类别如此重要的原因——我相信，正是从这些庞大的用户群和这些体验中，未来的全方位元宇宙才会萌芽。

AR 的神奇魔力

我第一次在外体验实时的 AR 是在 2019 年 8 月，当时我在参加苹果公司与纽约新当代艺术博物馆（New Museum）联合在旧金山举办的（AR）T 徒步之旅［（AR）T Walk］。³ 在联合广场（Union Square）的苹果专卖店里，我和我的丈夫、我的一个儿子加入了一个由其他 5 人组成的小团队，我们每人都配备了一部手机和一副头戴式耳机。通过这些设备，我们可以感知艺术家创作的 AR 体验作品，这些体验与附近 6 座城市不同地点的环境融合。

这是先进的 AR 技术刚刚起步的时候，整个体验需要领队承担大量繁重的设置和管理工作。每到一个地点，就必须有一名拿着平板电脑的苹果公司员工来激活艺术品，然后告诉我们需要将摄像头对准某处，以固定自己并触发艺术品。一旦所有的星星都对齐了，展现出的效果就会让人觉得之前的一切麻烦都值得了。我们看到巨人坐在大厦上；充满活力的环形丝带在半空中传递着希望的信息；一条永恒的流水装配线，只要轻触手机屏幕就可以帮助或阻碍它的运行；诗歌潦草地涂鸦在人行道上；仔细观察耶巴布埃纳花园（Yerba Buena Gardens）里的树干，就能看到一个小小人儿和他忠实的小小狗生活在树皮上的一个虚拟的小小洞里。

尽管有些笨重，过程缓慢，而且还需要外部的管理支持才能实现，但正是这次体验让我第一次感受到了 AR 的强大能力，那么神奇、那么实用。尽管我需要通过智能手机屏幕才能游览每座城市，尽管每个 AR 装置只运行几分钟，但看到那些美丽又出乎意料的事物显现在旧金山街头，足够永远改变我对这座城市一些地方的看法和记忆。就在几周前，我们一家回到了耶巴布埃纳花园，我们所有人都立刻开始回忆起我们曾在哪里看到过什么，哪棵树是那个小小人儿的家——我们对 AR 中这些地方的记忆和对现实中实际游览这些地方的记忆同样深刻。（再提醒一下：数字体验也是真实的体验！）

两年后，我在 2022 年 3 月参观了奥斯汀西南偏南音乐节（South by Southwest Festival in Austin）上的 AR/VR 展示厅。英国广播公司在这里演示了他们与其《绿色星球》（*The Green Planet*）节目共同打造的 AR 体验。该体验首次在皮卡迪利广场（Piccadilly Circus）展出时，场场爆满。[4] 等我排到队伍的最前面时，只收到了一部三星 Galaxy 智能手机和一副头戴式耳机，然后我就可以自由进入演示区，看看即将发生什么。自从我上次在苹果公司体验过 AR 旅程之后，这类大型活动中的技术势必有所改进。仅从外部管理来说，这次唯一能看到的就是工作人员在把手机交给我之前重新设置了上面的应用程序。

当我通过手机里的摄像头观看时，一个真人大小的虚拟大卫·爱登堡（David Attenborough）迎面走来并向我表示欢迎，他似乎就站在我面前。他告诉我，我将了解植物在雨林生态系统中扮演的几种角色。从这里开始，往前走，我进入了一个在物理世界中空无一物的房间，但在我的手机屏幕上，这个房间充满了数字生成的植物、昆虫和动物。我可以把手机凑近来细细观察房间中所有的东西，我还可以控制移动其中的某些物品。大卫·爱登堡用声音引导着我了解这一切。我跪下来观察微小的昆虫，然后再站起来，向后退几步，看着我（虚拟地）播下的种子快速地萌芽，长成一棵大树。当我完成体验并交还设备时，我记忆中的房间里充满了缠绕的藤蔓和参天大树，所以当我回头看时，发现仍然只是一个空荡荡的房间，感觉到十分惊讶。

2022 年 9 月，迪士尼刚刚在 Disney+ 频道推出了短片 *Remembering*。[5] 我在 iPhone 上下载了配套应用，然后在电影给出提示时将摄像头对准电视屏幕。我看到的视觉效果也太丰富了吧！我必须迅速向后退去，才能将幻象中的郁郁葱葱的花园尽收眼底，现在它正和瀑布一起，从我的电视机里倾涌而出直到客厅的地板上，而这一切在我的智能手机屏幕上都清晰可见。有蝴蝶、彩虹、闪闪发光的蘑菇和跳跃的海豚。蕨类植物覆盖了我的沙发，一棵优美的树从角落的椅子上拱了出来。一切都来得太快，又消失得无影无踪，留给我的只是一个静谧的回忆——我的客厅曾在一个短暂的片刻里如梦幻世界一般美妙绝伦。

我之所以告诉你这三个例子，是因为它们是一些体现 AR 功能的最佳代表。每一个都让我在眼前的物理空间中发现了神奇的存在；每一个都惊喜得我至少倒吸一口气，既出其不意又欢欣雀跃。尽管要在智能手机屏幕上一个不完美的小窗口才能看到这三个体验，让我无法一次就看到各个 AR 作品的全貌，但通过移动摄像头，我最终还是看到了各个作品的全貌。在记忆中，我的大脑将所有这些独立的透孔视角拼接成一个整体，而这个整体就是我所记住的东西。

如果你想知道我为什么如此坚持要把"神奇的"作为我的元宇宙定义的一部分，那么这些美妙的 AR 体验就是原因所在。VR 世界中有很多神奇的东西，但因为那里的一切都是数字化的，所以更多的是期待。当数字技术用意想不到的发现和快乐元素改变了你日常生活中的物理世界，那到时候，你就会开始理解这项技术的长期力量和潜力了。

AR 已得到广泛应用

苹果公司、英国广播公司和迪士尼的 AR 体验都是在有限的、相对可控的场景中精心（我相信也是耗资巨大的）打造和运行的体验。虽然它们几个是 AR 体验中精工制作的凯迪拉克（Cadillacs），但在我们的日常生活中，已经有越来越多的实用、接地气的现代汽车（Hyundais）在到处跑，为我们解决问题，带我们去各种迷人的地方。

我在前面提到过，Snap 的 AR 滤镜特效每天能触达 2.5 亿人。反过来，这些人又能生成数十亿的镜头浏览量，[6] 其中有些特效已经变得非常普通，以至于我们甚至不再把它们当作 AR 来看了。当我在 Snap Camera 上发现欧莱雅（L'Oréal）的数字化妆滤镜时，我感到非常高兴，它让我在早上 6 点的 Teams、Skype 和 Zoom 视频会议中看起来妆容自然又靓丽。后来，一些同事告诉我，如果没有数字化妆，他们就不会参加视频会议了——我和他们开过很多次会，却全然不知他们的妆容居然是数字化妆改进后的！

已经遍地开花的 AR 应用主要分为五大类：

1. 品牌推广。
2. 精确的可视化。
3. 化无形为有形。
4. 在空间中给你指引。
5. 引导你去一个新的地方。

每个类别中的 AR 都为不同的受众解决了不同的问题，综合来看，AR 技术为我们的未来提供了巨大的潜力。

品牌推广

正如在企业元宇宙一章中提到的，广告和营销是 2022 年 AR 创收中高居第二位的类别，2022 年带来 41 亿美元的收入。这是一个很大的类别，我们都见过很多 AR 广告的例子，通常是由标签、海报和品牌包装上的二维码或图像生成的。我们看到过 19 Crimes 品牌葡萄酒标签上的罪犯栩栩如生地讲述他们的故事，[7] 也看到过切斯特猎豹（Chester the Cheetah）在超级碗广告中教我们如何伸手到电视屏幕上抓起一袋奇多玉米棒（Cheetos Crunch Pop Mix）。[8]

一些 AR 广告应用的确很出挑。澳大利亚 AR 开发者 Immertia 发布了 Swig 应用程序，饮料公司可以利用该应用程序的触发器——易拉罐的标签，创建基于易拉罐的智能手机互动体验。啤酒商可以用一系列装罐的视频来展示啤酒的酿造过程，也可以创建一个分享链接，方便用户在 Instagram 或 Twitter 上发布与品牌相关的帖子。最令人印象深刻的是，易拉罐的整个弧形表面可以变成一个名为"啤酒侵略者"（Beer Invaders）的《太空侵略者》类互动游戏，用户可以通过轻扫智能手机屏幕来玩游戏。（我觉得在喝了几杯啤酒之后，一边拿着啤酒罐一边滑动手机屏幕可能有点麻烦，这也是免提式 AR 眼镜的另一个优点。）

还有一个例子，也是 AR 在广告中引人注目的巧妙应用，出自 2019 年汉堡王（Burger King）在巴西的广告活动。[9] 这款智能手机的应用旨在利用竞争对手餐厅的广告作为 AR 触发器（这算不算大胆的营销？）。也就是说，如果你走到麦当劳的广告前，用手机对准它来运行应用程序，起初你会通过手机摄像头在屏幕上看到原始广告……然后你会看到它开始以戏剧性的方式燃烧，最后在下方露出一张虚拟的汉堡王皇堡优惠券，你可以把它存到手机里。当然，麦当劳的广告在物理现实世界中仍然存在，但如果你这么做了，你就会永远记住麦当劳的图片被烧掉后，露出了汉堡王的图片。非常聪明、非常邪恶的营销！

这个例子也提醒我们必须注意到——AR 在视觉上对地方、人和事物造成的伤害，可能会带来意想不到的（或者更糟糕的是，有意而为之的）严重负面后果。

精确的可视化

从广告界来看，将 AR 应用于购物和电子商务，是一个短距离的概念跳跃。毕竟，网购的一个缺点就是，购买前无法在现实世界中试穿。你不知道鞋子是否合脚，也不知道夹克的剪裁是否符合你的身形。有了 AR 的帮助，可以让你在点击购买按钮之前，将可能购买的商品覆盖在脸上、身上或客厅里，并进行精确测量。研究表明，80% 的购物者认为使用 AR 工具可以提高他们网购时的信心，三分之二的顾客表示，如果他们能在 AR 中预览网购商品，特别是如果他们能看到商品穿在身上的效果、能了解到该商品他们是否能穿，那么他们最终退货的可能性就会降低。[10]

具有固定尺寸但形状有细微差别的物品，尤其适合使用 AR 可视化辅助工具。眼镜就是一个很好的例子。一副眼镜框上最微小的变化都可能意味着它是否合适，这也解释了为什么像 Zenni Optical 这样的在线零售商增加了虚拟试戴（Virtual Try-On）功能，[11] 以及沃尔玛在 2022 年 6 月宣布收购 AR 光学技术公司 Memomi，以提升自己的眼镜产品。[12]

家具也是类似的道理，它们可能看起来很适合摆在客厅的某个角落，但即使是很小的误判也会造成不小的麻烦。我的一个朋友买了漂亮的浴缸，却没有提前测量浴室的尺寸，结果不得不把浴缸斜放在浴室里。虽然浴缸很抢眼，但总是碍手碍脚。长此以往，拥有浴缸的乐趣就变成了他们的负担。宜家（IKEA）是首批为其潜在顾客提供家具扫描服务的家具零售商之一，顾客可以扫描自己的空间，然后将其投到尺寸精确的 3D 家具部件模型，以便查看与现有家具的匹配度和时尚度。[13] 许多其他公司也纷纷效仿。基于应用的虚拟室内设计公司 Modsy 则更进一步，通过智能手机为你提供全屋重新装修服务。你首先要为每个想要重新装修的房间支付一笔固定费用，然后用手机摄像头扫描你的室内环境——你甚至都不需要提先整理，这真是一个额外收获！他们还会进行风格测验，确定你的偏好。然后，Modsy 的室内设计师就会开始工作，一两天之内你就会收到设计师发来的几种设计方案，用拟真空间图像的形式呈现，并用和你的目标相匹配的新方案取代原来的所有家具。你可以浏览虚拟的 3D 图像，从各个角度观察一切。一旦确定了心仪的家具，只需在屏幕上轻轻一点，就会一键跳转到该沙发、台灯、画框印刷品或橱窗装饰品的零售网站。你可以直接在网站上订购，而且可以放心，当新的餐桌和餐椅送到时，它们一定能适合你为它们规划的空间。我的一个朋友在搬家后用 Modsy 来装潢客厅，最后的成品比我朋友浴室里的那个斜放的浴缸好看多了。

Shopify 已经开始尝试使用苹果公司于 2022 年初发布的名叫"RoomPlan"的应用编程接口（API），该接口使应用程序能够利用光雷达（LiDAR）技术扫描空间，然后将其中的各种元素作为独立实体进行识别和操作。2022 年 7 月，Shopify 公司的拉斯·马施迈尔（Russ Maschmeyer）在推特上发布了他们针对应用编程接口的一些实验结果，结果显示 RoomPlan 具有以下能力：它不仅可以撤掉所有家具，为你提供一个空房间的虚拟副本，还可以只撤掉几件家具，让你重新摆放其余家具，并将它们与你可能要买的任意虚拟新家具混合摆在一起。[14] 他们还没有宣布是否会将其转化为 Shopify 的产品，但能将现有家具与可能要买的新家具进行虚拟组合，这其中的实用性已经显而易见。我这个年纪可能更需要的是帮我弄清楚新沙发是否适合摆放在已有的书桌和钢琴之间，而不是从一个完全空旷的房间开始设想。

能够准确地将事物可视化，这一优势不仅仅体现在购物上。《今日美国》（USA Today）在其新兴技术团队为其真实犯罪播客 Accused 添加 AR 组件时，发现了 AR 的另一用途——激发灵感。[15] 只要我在手机上使用他们的应用，就能看到相关故事里的 3D 版本犯罪现场，其中显示了不幸的尸体和各种证据的位置，并辅以现实世界中这些地方的 2D 照片。将 3D 和 2D 图像放在一起，就可以清楚地看到，2D 图像本身，也就是你通常在书上、网上甚至坐在陪审团里看到的图像，可能会无意中歪曲了各种元素在实际物理世界中的相互关系。阅读小说时，依靠想象力来填充细节固然很好，但在对准确性要求较高的情况下（从犯罪现场可视化到一副眼镜戴在脸上的样子），AR 都是理想之选。我很希望看到更多的非虚构类书籍——如真实犯罪、历史等——能通过 AR 补充内容，向读者展示相关事件的地势布局。如果能在历史书中加入盖茨堡（Gettysburg）或索姆河战役（the Battle of the Somme）等事件的 3D 地图，将对提高读者对于事件的理解产生真正的影响。

化无形为有形

将已经存在的物理对象可视化，以便观察它们如何与物理世界相匹配或融合，这是 AR 技术的一个非常实用的用途。特别是当我们开始涉足那些在概念上存在，但我们的眼睛却看不到，而且永远也看不到的事物的领域时，其功能会显得更为强大。我认为这就是"化无形为有形"，并将其看作纯粹的魔法与绝对的实用性开始交融的空间，从而产生强大的效果。

我们从一个轻松有趣的例子开始吧，尤其是在看完犯罪现场之后，可能需要换换口味。如果你曾想过要文身，那么请注意，现在已经可以用 AR 来为物理文身加持了。[16] 如果你比较在意把文身文在身体的哪个部位（毫不奇怪，相对平坦的表面要比弯曲的部位效果好得多），你可以使用 Eyejack 等 AR 工具，创建一个视频和音频动画，当用智能手机摄像头观看时，你的文身就会栩栩如生地动起来。在我看来，这可是酒吧里的一大谈资！

让我们继续举几个轻松愉快的例子，乐高（Lego）于 2019 年与 Snapchat 合作，在伦敦开了一家弹出式商店，里面的商品只能通过 Snapchat 应用程序看到。[17] 从街上进入一个空荡荡的房间，房间里只有一个巨大的 Snapchat 二维码。扫一扫二维码，解锁能力，你就可以看到这个空间里虚拟货架和底座上的所有虚拟产品，还可以用智能手机购买这些产品。这种方式不仅能将一间空荡荡的白色房间变成知情人士的互动购物体验而产生令人"哇噻"的效果，带来热闹的氛围，还以一种聪明的方式，最大限度地增加待售乐高套装的数量和存量，而不必真正将它们存储在现场。

不过，"化无形为有形"的能力在用于教育甚至揭示事情时，才会发挥出自己的作用。2021 年，健身品牌锐步（Reebok）发布了一款名为"Courting Greatness"的网站应用，让你可以通过智能手机的摄像头观察家中或街道上的篮球架，并将常规篮球半场的视觉叠加应用在上面，包括篮圈、罚球线和 3 分线。你可以用它来确定你的篮圈是否符合 NBA 标准高度（我在邻居家的篮圈上试过，它不符合标准高度），你还可以用粉笔或胶带在地面上复制参考线，以准确了解应该在哪里练习 3 分球。我喜欢这个应用，因为它非常简单，但却能有效地让你知道，你的街头训练能否让你成为 NBA 明星，或者是否需要稍作调整。遗憾的是，锐步似乎已经把这个应用下线了，但它仍然是我最喜欢的应用之一。这个例子表明，同样看一个东西，借助 AR 看到的远比光靠眼睛看到的多，对事物了解得更深入。

将信息和魔法结合在一起，让人一看就懂。在这方面，没有哪个应用能超越 BadVR 的 SeeSignal，它也是我最喜欢的另一个应用。[18] 我第一次看到它，是在智能手机上演示，后来又在 Lynx AR/VR 头显上演示。在这两种情况下，SeeSignal 都能用散布在物理空间中的一系列柱状图实时显示我周围 Wi-Fi 网络的实际分布和强度。显示有红条的地方表示此处连接不是很好，黄条表示连接一般，绿条表示连接最佳。真的能看到周围无线电信号质量的变化？这真是太棒了！SeeSignal 可与各种类型的无线电接口（4G、5G、Wi-Fi）配合使用，其构造非常复杂，至少目前看来可能主要应用于企业。不过，有了这款应用，我真的能看到周围 Wi-Fi 信号的情况！我希望生活中能有更多这样的信息，让我了解周围看不见的事物。

开发商 Particle3 在 2022 年与网飞的儿童节目《松饼和麻薯》（*Waffles and Mochi*）合作创建了一个 AR 活动，向儿童传授有关新鲜食物的知识。[19] 你可通过扫描沃尔玛杂货店内的二维码，让儿童们参与在店内找到 9 种食物的游戏挑战，然后视觉识别会感知儿童是否确实来到了正确的区域。每当应用识别到一个目标食物（如西红柿、土豆、鸡蛋、大米）时，就会显示出动画、游戏和食谱，向孩子们传授有关这些食物的知识。值得注意的是，这些食物都是纯天然的，对于今天的孩子来说可能不如一盒通心粉和奶酪那么熟悉。这样做的目的是教孩子们如何识别各种杂货主食，并将它们与乐趣联系起来，为今后认识和选择更健康的食品打下基础。

关于这一类别的最后一个例子，是 Snapchat 与英国红十字会（British Red Cross）合作推出的心肺复苏术（CPR）培训滤镜。据估计，70% 的心脏病都是在他人在场的情况下发作的，但只有 20% 的人有能力在必要时实施心肺复苏术。[20] 英国前足球运动员法布莱斯·姆安巴（Fabrice Muamba）在 23 岁那年的一场比赛中突发心脏病，幸亏有训练有素的专业人员在场才使他苏醒过来。他非常感激自己获得了第二次生命，因此与 Snapchat 合作推广这个滤镜。该滤镜展示了如何正确练习心肺复苏术的 AR 模型，最后还附有小测验，以确保用户已经理解了操作要点。虽然这与经过认证的急救培训有所不同，但这是一个开始，有朝一日可能会影响某个人的生死。

在空间中给你指引

接下来的 AR 类别，不仅能向你展示特定空间中你所不知道的东西，还能引导你以比没有 AR 时更高的效率和理解力穿越该空间。

这一类别中有一些很棒的博物馆体验。我们先从 Nexus Studio 与首尔 SKT 通信公司联合打造的昌德宫（Changdeok Palace）游览项目讲起。[21] 昌德宫是一个由亭台楼阁和花园组成的庞大建筑群，建于 17 世纪，在 18 世纪和 19 世纪时期是韩国统治王朝的所在地。这是一个很美丽的地方，但游览路径对游客来说却有些困惑。在通过智能手机访问的 AR 导览中，你不会迷路，因为作为宫殿象征的石狮子会突然活跃起来，出现在你面前并引导你沿着最佳路线参观所有的建筑亮点。进入王宫大殿后，你就可以见到国王和王后了，他们在 3D 摄影技术的渲染下显得格外威严。随后，在庭院里，你可以和王子们进行射箭比赛，或者和 AR 王室成员一起闲逛和自拍。

将一个地方的历史带入当代，AR 在这方面一直具有巨大的潜力。昌德宫之旅（The Changdeok Palace Tour）将今天的游客与过去王室成员的生活体验联系在一起，将一个空荡荡的博物馆变成了一个更有生命力的地方。与此同时，还能防止你迷路！

还有一个著名的例子，是英国朴次茅斯（Portsmouth）的玛丽·露丝博物馆（Mary Rose Museum）利用 AR 与游客分享历史时代真实生活的项目。"玛丽露丝号"（The Mary Rose）是亨利八世（Henry Ⅷ）的领航舰，于 1545 年意外沉没。1982 年，"玛丽露丝号"被发掘出海，它带来了世界上保存最完整的都铎时期（Tudor）文物，日后成为博物馆的核心藏品。这对已有历史感知的成年人来说很有吸引力，但对孩子们来说，看一堆旧东西可能就没那么令人兴奋。为了解决这个问题，博物馆制作了"时间侦探"（Time Detectives）AR 应用，让孩子们从几位都铎王朝人物中选择一位，然后用手机跟随他们参观博物馆，收集线索，弄清楚"玛丽露丝号"上发生的事情。[22] 这个体验被描述成为亨利八世执行一项秘密任务，真是好极了（他们可能不会提到亨利八世所有的妻子）。

回到今天，福特公司已经申请了一项专利，利用可视化的地面箭头，使用 AR 引导你回到停车的地方。[23] 简单而有效——我们都能想到在生活中什么时候它会派上用场。

引导你去一个新的地方

AR 体验除了可以作为特定地点或理想目的地的便捷指南外，还是探索陌生新地方的绝佳方式。为了让客人了解其在亚洲的 Moxy 连锁酒店（Moxy Hotel）的特色，万豪集团（Marriott）创建了"Moxy 宇宙，创世开玩"（Moxy Universal，Play Beyond），这是一款 AR 应用，其中包含各种挑战，鼓励用户探索酒店的各个区域，包括自己的房间、酒吧和健身房。[24] 完成挑战的用户可以参加抽奖活动，赢得奖品。

为了使合作更广泛，HBO 和 AR 平台 8th Wall 一起为电视剧《不安感》（*Insecure*）最后一季的发布创建了一个基于音乐的 AR 寻宝游戏。[25]《不安感》以其对音乐的出色运用而闻名，基于地理位置的 AR 旅程带领玩家穿越该剧的取景地——洛杉矶，并在玩家的手机上创建了该季原声音乐的 Spotify 播放列表。作为一种粉丝体验，这是难以超越的——狩猎活动的创作者充分利用了对该剧具有重要意义的地点和音乐，利用 AR 技术从现实世界的地点和声音中创造出一种沉浸式的体验，让玩家在某种程度上感觉自己就生活在这里，或至少分享着他们喜爱的角色的生活。

2022 年 10 月，初创公司 Skidattl 宣布，该公司正处于创建"AR 信标"或空中可视指针的早期阶段，企业主可以将其放置在现实世界的地点上空，以指示何时何地正在发生有趣的事情。[26] 用户如果想知道附近是否有好玩的事情发生，可以在应用中扫描地平线，寻找空中的标记，比如，这里有两小时的咖啡折扣，或者那里有即将开始的公园音乐会。你还可以在大型音乐节上使用信标来定位朋友的位置。创始人兰迪·马斯登（Randy Marsden）将这款应用程序形容为"好玩的蝙蝠信号"，如果他们能将商业模式和可用性做到位，这听起来是一个不错的主意。

当然，在这一领域里占主导地位的"龙头"是 Niantic 公司和他们的定位游戏套件。《宝可梦 GO》持续走红，因此 Niantic 创建了一个项目，让小企业赞助附近的活动。因为事实证明，在定时发生的事件（如广告中的彩蛋孵化）附近的企业可以从前来抢彩蛋的神奇宝贝训练者那里获得 10% 甚至更多的销售额增长。[27] 一个很好的举措是，玩游戏的儿童看不到赞助商的广告，只有成年人才能看到——这一点为 Niantic 加分不少。

新冠大流行来临之前，Niantic 在某些城市组织了周末"徒步活动"，规划了特定的路径，奖励参与者超棒的稀有神奇宝贝。这些站点的选择既考虑了赞助价值，也考虑了旅游价值，以便确保参与者在探险过程中能够充分地游览城市。通过比较活动期间赞助地点的收入与前一年同期周末的收入，Niantic 给出了准确的结果：2019 年蒙特利尔活动为赞助企业带来了 7 100 万美元的额外收入，而芝加哥活动则为赞助企业带来了 1.2 亿美元的额外收入。[28]

《宝可梦 GO》可能是一个特例，但这些数字表明，精心打造的基于位置的体验可以让人们去他们通常不会去的地方——73% 的《口袋妖怪 GO》玩家每周都会改变他们的常规路线，来跟踪和寻找不寻常的神奇宝贝——而当他们这样做时，就能产生新的收益。这一发现蕴含着巨大的潜力；未来肯定会有更多的 AR 外景游览、寻宝游戏和城市探险活动。

未来掠影

说到未来，现在已经有一些体验可以说明，当 AR 眼镜充分发挥所长，当我们不再需要把智能手机举到面前就能将 AR 带入生活，这种时候，我们的消费者 AR 之旅将会是多么有趣、多么奇妙。

Snap 已经发布了好几代 Spectacles（即早期的 AR 头显）。为了探索 Spectacles 的功能，Snap 找来了极具创造力的 AR 开发专家卢卡斯·里佐托（Lucas Rizzotto）。他开发了一款名为《蒙克赛车》（Monke Racing）的游戏。[29] 要玩这款游戏，首先要在自己的空间里走动，通过点击眼镜框上的按钮来放置 AR 香蕉。游戏的目的是创建一个障碍环形赛道，你可以把香蕉放在你喜欢的任何地方：室内、室外、桌子上、树上。一旦你搭建了一个足够复杂的赛道，你就可以与你的朋友轮流在赛道上比赛，力争获得最高分。但光抢香蕉还不够，因为 Spectacles 眼镜里有声音和动作传感器，所以获得最高分的方法就是边走边动，发出猴子的叫声。一边"喔哦 – 喔哦 – 喔哦"地叫着，一边伸手去抓点缀在你周围的虚拟香蕉，这就是获胜的唯一方法。这个画面太壮观了。

虽然这听起来很有趣，但《蒙克赛车》也给了我们一个提示，即未来的 AR 头显很有可能会在我们需要的时候提供有关我们健康和活动水平的反馈，就像今天的健身手表一样。此外，它还展示了在我们的物理环境中添加数字元素后，如何激励我们多运动或运动得更好（我可以在这里的某个地方看到一个姿势应用），以及如何利用 AR 来启发或引导我们发现新的社群，或在我们漫步时了解一个地方的历史。

今天，我们还可以通过 VR 头显中的直通视频来了解将来的 AR 眼镜体验。在 AR 技术中为物理世界添加数字叠加的一大挑战在于背景环境的不可预测性——用户在启动应用的时候可能身处任何地方，这与在已知和可控的环境中（比如游戏环境）进行编码的情况截然不同。但如果使用的是 VR 头显的直通视频，不确定性就会大大降低。首先，用户是在他们预设的 VR 边界内（所有 VR 头显都有这样的边界，当你沉浸在数字体验中时，它们可以防止你撞到家具），因此用户不会从他们现在所在的位置移动太远。其次，如果整个视觉馈送都是视频，那么它实际上已经从 3D 平面化为 2D，这样就更容易在其中添加自然的数字对象。最后，以 Meta Quest Pro 为例，它要求用户在激活穿透功能之前识别墙壁、窗户、沙发、电缆和其他家具，因此程序员可以获得更多有关用户空间构成的宏观数据，这有助于他们了解哪些表面是垂直的、哪些是水平的。所有的这些原因，可以部分解释为什么最好的实时沉浸式交互 AR 体验（属于真正的元宇宙，而不再是类元宇宙）目前都正在支持直通功能的 VR 头显中发生。

Meta Quest Pro 于 2022 年 10 月推出，在发布之初，并没有很多应用程序利用彩色直通功能，因为它太新了。一些开发者如益智游戏《迷幻谜题》（*Squingle*），或把我们的房子变成鬼屋的应用程序"鬼影 MR"（Hauntify）已经使用了 Meta Quest 2 上的黑白直通视频，但这只是少数。在 Meta Quest Pro 推出时准备就绪的几款直通应用程序中，《我希望你死》（*I Expect You To Die*）系列的密室逃脱应用最乐于使用这项新功能，他们的短片是《甜蜜之家》（*Home Sweet Home*）。当短片开始时，你会被完全封闭在一个数字盒子里，一些可见的把手表明有些面板是可以滑动打开的。推开面板，你可以透过缝隙看到自己的空间（在我的情况里，就是我的客厅）。当我从数字盒子的缝隙中窥视时，能看到我的狗坐在物理世界的地毯上，正疑惑地看着我，令我忍俊不禁，笑出了声。我已经使用 VR 好几年了，戴上头显后，我唯一无法看到的就是自己周围的环境。因此，在玩游戏的同时，还能和其他路过的家庭成员交谈，真是一种享受。带有彩色直通视频的 VR 头显不会像完全沉浸式 VR 那样让你与世界分离，而是让你留在物理世界中，同时为物理世界增添新的奇幻体验和引人注目的内容。

既然是 VR，你还是不能想去哪儿就去哪儿，当然头显还是又大又贵，但非常美妙的彩色视频直通体验有力地表明，AR 终将为我们的日常生活增添魔力和乐趣。将引人入胜的数字内容带入我们的物理世界，带来乐趣、信息和冒险，这就是元宇宙的意义所在。

＊ ＊ ＊

尽管当今世界流行的 AR 消费主要是智能手机的滤镜特效，它可能会让我看起来像亨利·基辛格（Henry Kissinger），让你看起来像一只斗鸡眼猫，但我希望我在本书中对当今各种增强现实技术的讲述能帮助你了解到这是一个重要的细分市场，具有巨大的增长潜力。我们回顾一下基于智能手机的 AR 为生活中的一些问题带来的解决方案：

- 创造互动性强的、有价值的品牌体验，提供比大多数媒体形式更多的广告参与度。
- 在购买前了解新物品的尺寸、外观和适用性，从而增强购买信心并降低退货概率。

- 通过"你在哪里"3D 模型，增强对文字描述活动的理解。

- 揭示物理空间中的无形信息，无论这些信息是来自历史、小说还是周围物体中的物联网数据传感器。

- 以信息和效率引导你直通已知空间和新空间。

这些都是帮你增进对周围世界的了解，并能享受周围世界的好方法。然而，有一种感觉告诉我，这份清单的范围非常有限，我们以后甚至会嘲笑它，就像嘲笑 1995 年的这份"互联网的好处"清单一样：

- 可以发送电子邮件。

- 可以查询电影时间。

- 可以加入留言板。

- （……想不到别的了）。

能够根据自己的兴趣和要求，随时就任何主题为周围的世界添加额外的视听信息——这是一种超级能力。我们甚至还没来得及弄清，功能强大、全面可用的 AR 技术会带来什么，会引发哪些乐趣，会摧毁哪些现有行业。

我们现在所能做的，就像 19 世纪 90 年代我们在互联网上所做的那样——构建能力，然后看看会发生什么。

第九章

元宇宙变革者

我们现在需要做些什么，才能最终为地球上的每个人带来愉悦的、负担得起的、能解决问题的元宇宙体验呢？答案涉及多个行业的多家公司。在这一过程中，我们将看到大量的创新、实验、试错和纯粹的猜测。

我们来看看硬件问题。台式电脑、平板电脑和智能手机的二维屏幕是当前上网的主要硬件形式。如果我们要把数字内容从这些屏幕上转移到我们的世界里，必然需要一种可以实现视觉穿透的硬件，这样我们才能同时看到我们的世界和这些另外的数字内容。虽然我们现在可以用平板电脑和智能手机做到这一点，不过要占用一只手拿着设备，这对于工作和娱乐来说都不太方便，能够在接收数字信息的同时解放双手才是最理想的状态。

好吧，就是头显。我是 VR 的忠实粉丝，但即使是我也不得不承认，把一个相对较重的东西长时间戴在头上，会直接影响到体验的吸引力。如果你有一个（相对）负担得起的 VR 头显，却不能支持有效的直通视频模式，那么在 VR 中就像去电影院一样。你可以在那里获得奇妙的体验，但会把你与物理世界完全隔绝，而且每次在那里待的时间超不过几个小时。如果你有一个更为昂贵的头显，比如 Meta Quest Pro，它可以提供彩色视频直通模式，让你轻松享受数字与物理结合的奇妙时刻，但你会被限制在一个狭小的区域，而且电池续航时间有限，其他人也看不到你的脸，因为你的脸会被一大块不透明的塑料遮住——因此这仍然不是一个全天候有效使用的最佳工具。

元宇宙硬件形态的"圣杯"（Holy Grail）是一副眼镜，它看起来像一副普通的有度数的眼镜或太阳镜，就是我们经常戴和经常看到别人戴的那种眼镜。我们似乎离这种既实用又实惠的硬件还很遥远，但正如著名的元宇宙思想家、HTC中国区总裁汪丛青（Alvin Graylin）所说："AR眼镜的出现还需要一些时间，但可以肯定的是，它一定会出现。"[1]

就完全沉浸式世界而言，目前它们要么出现在VR中，要么出现在台式电脑上。将这些完全沉浸式世界升级为完全沉浸式元宇宙，所要面临的计算和商业挑战，正是马修·鲍尔（Matthew Ball）在其出色的著作《元宇宙改变一切》（*The Metaverse and How It Will Revolutionize Everything*）中探讨的内容。但是，这里仍然留下了两个问题，即AR将如何发展，以及为了研发出适应大众市场需求的AR头显所必须解决的问题——使数字信息以价格适中、穿戴舒适又美观的方式融入我们的物理环境中。我相信，这两个问题中，支持AR的元宇宙会有更大的影响力，它能为更多的人带来更深层次的日常实用体验。因此，要了解未来的元宇宙，我们也应该了解AR的可能发展路径。

我们可以在2030年前后再回头看看究竟哪种元宇宙形式更具影响力，是基于VR，还是基于AR。事实上，这个问题没什么实际的意义。因为到那时，我们可能会拥有同时具备AR和VR功能的头显，比如HTC早在2020年就提到过的代号为"Project Proton"的实验性头显。[2] 在这个概念头显中，用户可以按照自己的想法，设置数字内容叠加于物理世界视觉之上的程度，如果他们一直移动滑块，直到100%的数字显示，那就到头了！到那时，他们的AR

眼镜就变成了 VR 头显。这种设计是否可行并不重要，重要的是这个概念展示了 VR 和 AR 头显的发展是如何交织在一起的。

从电信的角度出发，我认为对于研发出尚未到来的元宇宙头显将产生最大影响的技术和商业发展，可分为三大类：

1. 与电信行业直接相关的创新，我对此有直接的见解。

2. 对我来说现在还不太明显的要素、但在移动电话行业发展中已有先例，而且我曾积极参与其中。

3. 尚无先例可循的全新领域。

我们将依次探讨每个类别，帮助你了解我们还在等待出现的东西，这样当重大问题取得进展时，你就可以及时发现并将其识别出来。

电信相关的创新

迄今为止，在创建支持 AR 和 VR 的元宇宙的过程中，电信并不是一个重要因素。当然，在家里或工作场所中使用智能手机上的 AR 应用程序或 VR 头显都需要某种连接，但通过固定线路、室内外 Wi-Fi 和移动设备运行的现有连接已经能够轻松支持当前的元宇宙活动。

现在，摆在我们面前的是一个巨大的硬件挑战：怎样将如今昂贵而笨重的 AR 和 VR 头显改造成一副功能不仅限于几个摄像头和一些传感器的普通眼镜？从高度简化的角度来看，AR 和 VR 头显有三个主要元素会增加重量和体积：光学器件、计算、电池。我对光学行业没有深入的了解，相信他们正在加班加点地解决 AR 显示问题，但我可以谈谈计算和电池这两个密切相关的问题。

　　如今的消费级 VR 头显（如 Meta Quest 2 或 Pico 4）大多采用无线技术。它们的计算机处理大多是在板载上进行的，因此性能仅限于板载芯片组所能提供的范围，图像分辨率也相对较低。企业级头显的分辨率和性能要高得多，通常通过有线连接到电脑上，电脑上有一个强大的图形芯片来处理大部分运算。这种体验很好，但连接线很烦人，而且配置额外的电脑可能很昂贵。那些没有线缆的企业级头显（用于 AR 的 Microsoft Hololens 和用于 VR 的 Meta Quest Pro）都是在机身上进行处理的，这让它们变得笨重、昂贵，并大大缩短了电池寿命。

　　理想的情况是，所有这三类头显（无线消费级头显、有线企业级头显、无线企业级头显）都能无线连接到存在于头显之外的某处的海量计算资源。这将实现：

　　1. 更强大的计算能力，这将是一个不断增长的需求，因为老实说，人工智能极大地推动了 AR 和 VR 的发展。

　　2. 更长的电池寿命，更低的总体功耗，因为高能耗的计算是在别处完成的。

　　3. 更轻、更薄的头显（更像眼镜），因为大量占用空间和产生重量的计算和电池设备已被移除。

　　当然，事情并没有这么简单，因为光学工作原理还需要进一步精简，但能够将计算和相关电池置于设备之外显然是朝着正确方向迈出了一大步。无线组件是至关重要的。

5G 和元宇宙

好吧，那我们为什么不直接把计算从头显上移开呢？许多早期的 AR 头戴设备，如 NReal 或 NuEyes，已经通过这种方式获得了更接近眼镜的外形。它们将计算功能置于相连的智能手机中，而眼镜则通过线缆与智能手机连接。这只是一个短期的、早期的解决方案，原因如下：（1）眼镜和手机之间的线缆连接令人厌烦；（2）未来的 AR 体验所需的计算量将远远超过普通智能手机所能提供的计算量。

虽然智能手机的计算能力有限，但至少在未来几年内，它可能会成为消费级 AR 眼镜的常用支持模式。从长远来看，一旦我们真正开始使用大型的、生动有趣的 AI 解决方案来感知周围环境并为其添加数字内容，就得把计算放在电信网络中某处的一大堆服务器上。好吧，那我们现在为什么不这么做呢？

其中一个主要原因是网络延迟。这是指信息从电信管道的一端发送到另一端所需的时间。特别是在 VR 中，如果数据传输速度太慢，那么头显的渲染速度也会很慢。缓慢的头显渲染会让你体验到转头时，视野也会跟着稍微晚一点呈现。即使你不会有意识地注意到延迟，你的大脑也会注意到。如果间隔过久（一般超过 10 毫秒，其实时间上来看根本不算长），就会造成眩晕恶心。糟糕的延迟并不是导致 VR 眩晕的唯一原因（就我自己而言，我必须在 VR 应用中使用瞬移，因为每次滑行移动都会让我头晕想吐），但是这是一个主要原因，而且显然是需要避免的一个问题。[3]

请记住，如今大多数消费级 VR 设备都是通过 Wi-Fi 连接到网络的。但问题是：Wi-Fi 是一种所谓的"尽力而为"的网络，这意味着你总是能获得该网络目前能提供给你的最佳连接。这听起来不错，但你要知道，这实际上意味着你无法管理或控制特定设备的无线连接，这意味着你无法保证一定的性能，包括延迟。连接到消费级 VR 头显的 Wi-Fi 速度足以快到能下载并运行新应用，但它的可靠性不足以让你一直将大部分计算工作放在设备以外的地方，因此它无法帮助我们实现 AR 或 VR 头显更像眼镜的目标。

那么，5G 怎么样呢？很高兴你这么问！与 Wi-Fi 不同，5G 可以进行管理，具有更强的提供和保持特定网络性能的能力。与 4G 相比，5G 的延迟更低，带宽更高，这意味着 5G 管道不仅能缩短网络响应时间（延迟），还能同时提供更多信息流，因为 5G 管道本质上更宽（带宽）。4G 既不具备向头显提供 AR/VR 体验所需的时延，也不具备所需的带宽，只有 5G 及更先进的通信技术才能做到这一点，因此我们不会再提及 4G。

不过，5G 有一个缺点。移动通信[4]的每个新"G"的规格都是在其推出前 10 年左右设计的，因此电信行业在 2010 年之前就开始规划 5G 应该做什么，应该解决什么问题。当时，全球网络面临的最大挑战是视频流媒体流量的崛起，网飞和 YouTube 一类的服务似乎在一夜之间出人意料地流行起来，这让电信行业有些措手不及。业内流传着这样一句话："每一个 G 都要解决前一个 G 的问题"，而 5G 绝对是为应对海量视频流媒体流量而设计的。

因此，在 5G 中，传输管道分为向你发送的流量（"下行链路"）

和由你发送的流量（"上行链路"）两类。是的，你猜对了，在 5G
中，下行链路比上行链路大得多。这就意味着 5G 在传输大量视频
方面确实非常出色。然而，这也表明 5G 从你那里获取信息并将其
返送回网络方面的性能要差得多。如果你想传输自己生成的视频，
或者发送有关周围环境的详细信息，以便将数字内容与你所看到的
内容无缝集成就会遇到问题。上行链路管道并不大。我们已经看
到，5G 应用的开发人员会遇到上行链路的限制，而且这种情况还
会持续几年。

　　好消息是，帮手即将到来。下一代 5G 将于 2027 年推出，名为
"5G Advanced"，旨在解决上行链路问题。因此，2027 年及以后的
无线网络将更擅长处理用户生成的内容以及创建 AR 体验所需的其
他关键信息。[5] 而 6G 是专门为应对其他潜在问题而设计的，如我
们可以看到的元宇宙在使用 5G 时会遇到这些问题，正如我们通过
研究 4G 时代遇到的问题而创建了 5G。

　　关于 5G，你需要知道的最后一件事是它主要用于何处，这取
决于它所处的频谱带。在无线电频谱的世界里，低频传输距离远，
穿透障碍物能力强；高频传输距离短，穿透障碍物能力差。理论
上，5G 可以部署在整个低频、中频和高频频段范围内，但实际上，
世界上大多数通信公司（当然也有例外）都在中频到高频频段内构
建了商用 5G 网络。这虽然提供了很好的性能，但却导致 5G 在覆
盖房屋内部方面不够理想。

　　这就是目前市场上还没有原生支持 5G 的 VR 头显的原因。VR
必须在室内进行——除了遮住眼睛四处走动可能会引发安全问题
外，明亮的阳光还会混淆头显和手控器之间的光学连接。［比如当

阳光透过窗户照射到玩游戏的区域，虚拟蝙蝠突然消失时，就会丢掉在游戏《超自然》（*Supernatural*）里的高分。我还发现，圣诞树的灯光对 VR 跟踪有致命的干扰。] 如果想象出一个韦恩图，"我能访问 5G 的地方"的圆圈在一边，而"我能有效使用 VR 头显的地方"的圆圈在另一边。你会发现，这两个圆圈几乎重叠不上。

但有一种情况并非如此，即 VR 和 5G 的覆盖范围确实重合，那就是有关的室内空间已经配备了自己的 5G 覆盖范围。这种情况在消费者家庭中并不常见（大多数人依靠 Wi-Fi 进行家庭连接），但在工业和企业中却越来越常见。5G 和其他任何移动频谱与 Wi-Fi 的最后一个不同之处在于，它提供的安全性大大优于无管理的 Wi-Fi 网络。如果你的企业有重要的数据（哪个企业没有呢？）需要保护，和 / 或有重要的自动化流程或传感器需要运行，安装自己专用的 5G 网络可提供 Wi-Fi 所没有的性能和数据保护。有了自己的 5G 网络为企业提供无线服务，就不会有骗子坐在停车场的车里，用 Wi-Fi 窃听器窃取企业的敏感数据。一旦你在室内拥有了 5G 网络，你就可以在该空间内使用由 5G 支持的无线 VR。虽然没有任何商用 VR 头显预装了 5G，但在现有的头显上配置一个 5G 加密狗（即一个微小的 5G 补充无线电装置）就可能解决，而且这种做法也相当普遍。这样你就拥有了一个无线 VR 头显，并能以你所追求的高性能水平使之运行。

电信行业预计，设备外运算的发展将首先在企业领域取得进展，因为室内 5G 存在于 VR 能够发挥作用的同一位置。HTC 是最早公开展示设备外 VR 运算的厂商之一。2022 年 1 月的消费类电子产品展览会（Consumer Electronics Show）上，他们使用专用 5G

作为头显和 Lumen 光纤之间的桥梁，将 Vive Focus 3 头显连接到
Lumen 光纤网络。[6] 图像渲染通常是在连线到头显的台式电脑上完
成的，而现在则是在城市另一端——Lumen 数据中心的一组服务器
上完成，而且用户体验感丝毫没有下降。用户可以享受到卓越的渲
染质量和性能，而不必为头上那根又粗又大的电线而烦恼。我已经
看到了未来，那就是设备外运算！

　　这就引出了一个问题——当计算机处理脱离设备时，它去了哪
里？要回答这个问题，我们就需要了解推动未来 AR/VR 发展的电
信支持的第二个重要部分：连接到云端。

AR 和 VR 云端

　　将计算能力从 AR 和 VR 设备上移走的最大优势之一是，你不
必再受限于设备中单个芯片组的能力。如果你需要调用一组服务
器，你可以将处理过程放到一组服务器中。这对于 AR 和 VR 所面
临的巨大计算挑战至关重要，例如生成拟真的全息化身、处理大
规模 3D 映射信息、计算生成相关内容的上下文线索等。[7] 正如地
图公司 6D.ai（被 Niantic 收购前）的首席执行官马特·米斯尼克斯
（Matt Miesnieks）所解释的那样：“AR 系统就其本质而言，对于设
备来说过于庞大，AR 系统需要一部分存在于设备上，另一部分存
在于云端的操作系统。网络和云服务对 AR 应用的重要性等同于网
络对移动电话通话的重要性。”[8]

　　但是（这是一个语气很强烈的“但是”），服务器不能离设备太
远。还记得延迟吗？信息在电信网络中传输的能力会受到光速的限

制。虽然我们在技术上取得了很多进步，但无论如何，超越光速还无法实现。尽管信息的传输速度取决于应用和应用期望的延迟程度，但一般来说，你的头显和服务器之间的距离需要控制在 50 英里（约为 80.47 千米）以内。对于像 VR 渲染这样的低延迟、高性能的应用来说，如果延迟表现不佳，用户就会感到不适，所以我们谈论的可能更多的是在 10 英里（约为 16.09 千米）以外的地方。

不过，一旦服务器就位，它不仅能支持你，还能支持网络中方圆 10 英里内所有人的延迟处理。为每种新应用找到延迟性能和服务器距离之间的最佳平衡点，是许多从事元宇宙相关电信研发的公司目前关注的重点。为了保持高性能，网络还可以（也将会）做很多事情，包括优化、协调以及网络与应用程序之间的紧密感知链接，这些都是目前还没做到的，这样一来，应用程序可以向网络发出它们需要高性能的信号，网络也可以在适当的情况下保证应用程序获得更高的性能。这些都是当今电信研究和新产品的主题。

对于许多企业来说，不必过于担心服务器的距离问题，因为服务器可能位于企业内部或校园内。这也是在企业环境中更容易解决设备外运算的另一个原因——企业往往已经离服务器很近了。企业对新头显技术的投资对生态系统的发展至关重要，同样，企业对 AR/VR 网络支持的投资对生态系统的发展也至关重要。正是在多个小规模企业部署的设备外 AR/VR 运算的基础上进行了实验，才促成了首批成功案例，为商业网络规模的 AR/VR 部署奠定了基础。

目前正在进行的设备外运算主要集中在 VR 领域，HTC 早期的例子就是一个很好的典范。在 VR 处理中需要完成的工作是图像渲染和应用程序本身提供的所有功能。在 AR 方面，目前的许多头显都通过电缆与 5G 智能手机连接，从而在手机本地管理设备外运算。例如，高通公司在 2022 年推出的用于企业 AR 的骁龙 Spaces（Qualcomm's Snapdragon Spaces）硬件开发套件就采用了联想（Lenovo）Think-Reality A3 耳机，将之与摩托罗拉（Motorola）5G edge + 智能手机相连。虽然头显和手机之间的连接线还是有点麻烦，但比起佩戴与笔记本电脑相连的 VR 头显，它的麻烦程度要小一些，因为至少你可以把手机塞进口袋随身携带并四处移动。

如今，许多使用 AR 头显的视觉体验都属于辅助现实的范畴，在这种体验中，人们看到的是飘浮在半空中的机器数据或维修手册页面等信息，与佩戴者所处的物理空间无关。对于辅助现实技术而言，智能手机芯片上的计算能力已经绰绰有余。而当我们转向 AR，将 3D 视觉效果与观看者周围的物理世界有力地结合在一起时，计算负荷的增加就远远超出了智能手机所能承受的范围。要理解每个用户周围的空间现实、存储现有的 3D 世界地图并将其应用于用户正在进行的操作、计算物体的持久性和持久化身身份，以及执行其他大量支持未来强大 AR 体验的 AI-driven 任务，都需要大量的计算。如果说 VR 需要三汤匙的处理能力，那么在开放世界中漫游的全面 AR 就需要一桶的处理能力。[9]

AR 的一个优点是，AR 并不像 VR 那样仅限于室内体验，尽管许多统一的数字 / 物理体验都是在室内进行的。因为在 AR 中，你仍然可以与周围环境保持直接的视觉接触，而且也不必待在预先确定的安全范围内。因为没有手控器，所以也不必担心附近的强光（如太阳）会破坏你与它们的连接。许多探索和发现世界的体验都将在户外进行，比如在游览新城市时、寻找最近的开放式停车位时，或者在日常遛狗时，这些用途都很适合用 5G 来支持。这对未来在 5G 网络上联合开发 AR 是一个好消息。我接触过的每一家 AR 眼镜制造商，如今都是在连有线缆的智能手机上进行计算，他们都在做着长期规划，要将计算直接转移到网络中，这样将来就不用再把线缆拴在手机上了。移除讨厌的线缆将成为开发出具有商业可行性和社会可行性的 AR 眼镜的关键部分。

我总是想为意想不到的事物、黑天鹅式的发现和间断性发展的事物留有余地，但就目前而言，从电信的角度来看，AR 和 VR 头显可预见的大致发展路径是这样的：

1. 企业部署昂贵的高性能 VR 头显的无线版本，通过连接专用 5G 网络（头显上配置的 5G 加密狗）在云端进行设备外运算。

2. 企业级 AR 头显一开始与智能手机有线连接，但随着视觉效果从辅助现实发展到 AR，开始通过 5G 连接将其运算处理转移至云端。

3. 每个人都会从这些早期部署中吸取经验教训，在头显、网络、服务器管理和服务创建等所有领域以及连接它们的合作领域中不断发展能力。

4. 头显变得更轻、更小、更便宜，因为运算处理以更可靠的方式转移到了网络中，减少了对昂贵的芯片组和沉重的板载电池的需求。

5. 从企业市场汲取的经验为下一代消费级 AR 头显的开发提供了参考；第一款成功面世的 AR 头显，价格仍会相当昂贵。

6. 随着时间的推移，AR 头显的价格会逐渐下降，与手机连接的线缆也会消失，AR 头显将成为大众市场设备。

请注意，我并没有说这一切何时会发生——研发工作有自己的时间表。但我要提醒大家不要过于消极。我清楚地记得，1990 年，我曾在收音机里听到过这样的讨论：为笔记本电脑制造彩屏基本上是一个无法解决的技术问题。但事实证明并非如此——没过几年，我就有了自己的第一台彩屏笔记本电脑，我现在也是用一台彩屏笔记本电脑写下这些文字。也许我过于乐观了，但我完全相信，在未来 10 年里，会有一些令人叹为观止的突破为整个发展周期提供动力，而这些突破迄今为止还未能看到。

我还预计，随着 AR 和 VR 的发展，5G（以及随后的 6G）将成为其架构的核心。2022 年，拉脱维亚（Latvia）的首都里加（Riga）宣布，将在全市范围内开展元宇宙应用测试，专门为造福市民和企业而设计。剑桥大学对里加的能力进行了外部分析，发现里加在实现其"元能力"（Metacity）目标方面具有得天独厚的优势，这得益于其政治意愿、建立公共／私营合作伙伴关系的能力，以及其现有的高质量 5G 基础设施。[10] 加油，里加！

移动电话行业的先例

元宇宙的网络和云端支持是与电信能力关系最密切的两个要素，因此我对这些领域最有信心做出直接预测。不过，我们中的一些人已经见识过这种竞技，或者至少是之前有过的非常类似的竞技，并且这种消费级硬件产品的发展路径有可能与 30 年前的手机发展路径并无二致。（我在上一章中描述的"先企业后消费者"的发展路径无疑是 20 世纪 90 年代大众市场手机的发展路径。）鉴于此，我与大家分享几个手机崛起的故事，在 VR（特别是 AR）头显崭露头角的时候想起这些故事，可能会对大家有所帮助。

消费者对新硬件的采用情况

正如我在"企业元宇宙"一章中提到的，大家现在很难记得，最早的移动电话只能打电话。这真令人震惊。那时的移动电话甚至不能发短信也不能玩"贪吃蛇"游戏。屏幕上只能显示你拨打的号码。当时移动电话的价格也很昂贵，不仅有购买成本，还有月租费。因此手机成了独一无二的身份象征——携带手机既表明你本身足够重要以至于需要随时保持联系，也表明你有财力买得起手机。

在 20 世纪 90 年代，我们中的许多人都是从雇主那里得到第一部手机的，而且即使拥有了一部手机，其效用也并不明显，尤其是考虑到手机的高成本以及随身带着它的麻烦。"我不在的时候会错过一个电话？那又怎样呢？一直都是这样啊。他们会留言，我之后再打回去就行了。"我们都习惯了如果不在家或不在办公桌前就会漏接电话的事实，因此并不急着花大价钱购置一部手机。但如果你的雇主想确保他们能随时联系到你，他们就会花钱买一部手机给你。就拿我自己来说，我的第一部手机是 1995 年从公司借来的。直到 2009 年，我才自己掏钱买了一部手机。

为什么我最终不再占便宜用公司的手机，非要自己掏钱买呢？因为到了 2009 年，移动通信公司已经从大量为员工购买手机的企业中赚足了钱，并将收益投入开发附加功能（短信！贪吃蛇！移动数据！移动互联网！）中，同时将手机做得更小、更轻、更实惠。

到 2009 年，我的公司提供给我的企业电话，功能还不如我想要的消费级电话。于是，我自己买了一款功能强大的手机，配备出色的摄像头、大容量的存储空间、大量好玩的游戏，以及各种供个人使用的应用，从管理我的银行业务到查看当地滑雪场当前的雪况功能，应有尽有。手机已经从最初的商务型设备发展成为真正的消费型设备，并且大放异彩。而如果没有早年在企业温室中的孵化，手机是不可能获得如此发展的。

以下是移动电话从低功能、高成本的企业设备向高功能、低成本的消费级设备转变的良性循环过程：

1. 第一款成功的设备提供了"单点功能"，其实用性显而易见，尤其是对企业而言，可以向员工广泛提供这些功能（就移动电话而言，单点功能就是简单的通话）。

2. 人们购买或在工作中得到这种设备，并发现它确实提供了出色的功能，解决了他们的问题。

3. 设备制造公司将收入重新投于改进功能和性能上，同时降低设备的成本、尺寸和重量。

4. 更多的选择。

5. 更多的功能，更好的性能。

6. 重复步骤 4 和步骤 5。

7. 称霸世界！（直到别人推出更好的产品，但这是另一回事。）

对比手机的发展路径来看，VR 和 AR 头显的不同之处在于，首批设备在诞生之初并没有确定其第一个毋庸置疑的实用点是什么。特别是 VR 头显，一开始只是一个解决技术问题的硬件，但并没有明确它要解决的技术问题是什么。它正在慢慢地找到自己的用途（企业培训、社交联系、健身、游戏），但它并不是作为解决单一常见问题的方案而有机出现的，因此在过去 10 年中，人们更多的是在不断试错，看看 VR 到底有什么用。这很好，但如果没有明确的起始用途，就永远无法真正启动"销售—收入—新功能—销售更多"的循环，而这一良性循环正是手机得以发展的推动力。我们可以从 VR 的采用率上看到这一点。目前 VR 的采用率远低于游戏机。我是 VR 的忠实用户和支持者，但我的家人里只有我一个人是。因此，在找到吸引广泛人群的实用性燃点之前，VR 仍将相对小众。

AR 有可能有所不同。事实上，它必须有所不同，我们中的许多人才会决定在脸上戴上一副 AR 眼镜，因为无论是技术上，还是社交上（可能起初也在经济上），这都是一个相当大的举动。这一情况不会发生，除非 AR 眼镜展现出如此毋庸置疑的实用性，并巧妙地解决了如此普遍的问题，以至于：（1）人们会购买并佩戴；（2）其他人会理解他们为什么要佩戴。谷歌眼镜（Google Glass）的最初版本就没有做到这一点。它们的用途并不明确，因此那些有胆量佩戴的人都会遭到怀疑。但是，AR 眼镜最初的关键用途绝不能是智能手机也能提供的，因为继续使用手机远比开始使用其他陌生的、新的、可能还相当昂贵的设备要容易得多。

我们将在下一章接着讨论什么可以提供立即被大众理解的 AR 实用性。

双赢的商业模式

2001—2004 年，我在悉尼管理诺基亚未来实验室（Nokia FutureLab），这是与移动电话运营商新电信澳都斯股份有限公司（SingTel Optus Pty Limited）的一个合作项目。[11] 我们一开始是为最早的移动数据网络开发应用软件。说实话，当时我们完全不知道移动数据可以或应该用来做什么，其他人也不知道。（事实上，移动数据一开始也是一种寻找用途的技术，后来当然也找到了，这给了我希望，相信 VR 最终也会找到它的大用途。）那是一个了不起的"牛仔时代"（cowboy time）——我们只是梦想着把东西做出来，造出来，投放市场，然后看看有没有人使用。人们确实这么做了！太赞了！

当时，在商业模式方面，对于几乎所有在这一新领域开展业务的公司都是"牛仔时代"。对于这些新领域的收入如何分配，业界没有先例可循；而我们本身也都是电信行业的从业者，我们知道通信公司为建设这些新的移动网络投入了多少成本。因此，在与外部开发商签订的合同中，由于网络是由通信公司创建的，收入的分配也更多偏向于通信公司，应用程序开发商所占的份额较少。我们并没有真正想过，我们的大多数开发人员都只是车间里的那一两个人，尽管我确实隐约疑惑过，我给其中一个开发者开过一张月收入仅 6 美元左右的支票，这种收入水平，我们的开发人员是怎么生存下去的。（真为我自己感到羞愧！）

就是在这种商业模式的背景下，苹果公司在 2008 年推出应用商店（App Store），开启了向开发人员提供应用程序收入的 70% 的商业模式。70%！苹果公司拿 30%，而通信公司则一无所获！这一举措的高明之处实在令我叹为观止。如果开发人员能挣到足够的生活费，他们就会全力以赴开发优秀的应用程序，更重要的是，他们会放弃任何不支付给他们最大收入份额的平台。事实也正是如此。

这对当今的应用商店来说是一个警示。苹果公司 30% 的收入分成比例在推出之初虽然具有革命性意义，但却没有得到很好的执行，现在它正受到越来越多的质疑和挑战。其他应用商店平台也因种种原因受到依赖它们进入市场的开发人员的批评，从莫名其妙的拒绝到过度的寻租行为，不一而足。

我从这一领域的经验中学到的不外乎黄金法则：对待开发人员要像对待自己一样。不管出于什么原因，如果有人认为他们的开发人员的辛劳是理所当然的，如果有人表现得高高在上、反应冷漠，那么当更好的平台出现在市场上时，他们的应用商店很快就会变成一座鬼城。我在这里并没有考虑任何特定的平台或任何特定的潜在威胁，只是开发人员在抱怨，而且我已经得到过一次教训。如果开发人员不开心却又被忽视，当有更好的工作机会出现时，他们会毫不犹豫地立刻走人。比起"一赢一输"的心态，双赢的心态会让刚刚起步的 AR/VR 行业以及其中的个体参与者走得更远。

互操作性和网络效应

20 世纪 90 年代末，短信作为人们用手机发送短信息的一种方式首次问世。我们在一个又一个国家看到，直到该国所有的通信公司都允许其客户给其他运营商的客户发送短信时，短信才开始真正流行起来。这是每家通信公司都必须做出的明智决定。对某些公司来说，这种做法有悖常理——如果你是他们的客户，他们就想给你一个理由，让你告诉你的朋友来和你一起使用他们公司的网络。如果你可以给所有人发送短信，无论他们用的是哪个网络，短信的可用性就不再是让你的朋友转网的理由了。（从那时起，我们已经走过了很长的一段路。）然而，客户讨厌在发短信之前还要搞清楚他们的朋友使用的是哪个网络，还不如直接打电话。当短信变得相当普遍，几乎每个人都能互通使用服务时，它就爆炸性地发展起来了。虽然它是一种简单的服务，没有任何铃声或口哨声，但实用性很高，全球每年仍产生数万亿条短信的发送量。[12]

　　这与富通信解决方案（Rich Communication Services，后文简称RCS）形成了鲜明对比。RCS 于 2007 年推出，被视为下一代短信。它拥有比短信更丰富的功能，但从未被广泛采用，直到 2018 年谷歌将其作为"谷歌聊天"（Google Chat）的基础。它的设置相当复杂，这意味着各家通信公司必须主动相互连接，使得它们的网络能够相互发送 RCS 消息，由于这有点麻烦，许多通信公司干脆就不支持使用 RCS。[13] 支持 RCS 信息的通信公司通常只允许你向同一网络的其他人发送消息，或者它们已经连接到谷歌或三星云端，这样你就只能向——你猜得没错——其他也连接到谷歌或三星云端的人发送消息。问题的关键在于，你究竟如何判断接收消息的人是否与你在同一个 RCS 网络中呢？这太难了。我还是发一条 What's App 的消息吧。

　　"互操作性"是元宇宙讨论中经常出现的话题之一，因为如今的元宇宙在多个平台和标准之间非常分散。我们能否在不同的世界使用相同的化身，或者将数字产品从《堡垒之夜》带到 VRChat？我能否在物理世界中穿上我的《罗布乐思》巴黎世家（Balenciaga）帽衫——或者至少在朋友戴着 AR 眼镜看我时，我的数字帽衫能以叠加的形式出现在我的身上？在实现这些目标的过程中，会遇到很多操作上的挑战，但短信的引入告诉我们，当我们能让一个平台与另一个平台轻松交换数字信息时，使用率就会大幅提高。随着使用率的提高，收入也会随之增加。当年仅限 160 个字符的短信就是如此，未来的 3D 产品和化身也将如此。

这个领域潜藏着巨大的商机。

摄像头与隐私

2003 年，我们位于悉尼的诺基亚 / 澳都斯未来实验室在国内率先商业化地推出了多媒体信息服务器（Multimedia Messaging Server），又称彩信，实现了手机之间的照片移动传输，我们为此感到非常自豪。[14] 彩信是一项令人惊叹的全新后端技术，可以让你从自己的手机里发送照片到别人的手机。很难解释这在当时是多么令人感到震撼，鉴于当时全世界都只知道打电话、发信息，因此彩信是一个巨大的进步。

为了发送照片，你必须有一部能拍照的手机。嚯！拍照。这就意味着手机要配有摄像头！同样，当这项技术刚刚出现时，我们难以表达，这一切新潮得令人难以置信。因为我是 FutureLab 实验室的经理，所以我很幸运地成为"诺基亚 7650"的早期受益者，这是诺基亚公司推出的第一款带有摄像头和彩信功能的手机。[15] 我仍然记得早期拍摄的一些照片，你可以看到背景中的人们指着我，他们显然是在说："看！她在用手机拍照！"

不过，随着这种新功能的出现，人们也开始担心。如果你在一个设备上安装了摄像头，而其他人却不知道那是摄像头，那岂不是会助长不道德的偷拍之风？在手机推出摄像功能的早期，对其不信任的现象非常普遍。我所在的健身房甚至因为担心人们会试图偷拍他人的裸照禁止在更衣室使用手机。当然，现在我们的智能手机上都配有照相机和摄像机，可以被随身携带，也可以带进更衣室、音乐会和体育赛事，我们只需认同不在不该使用的地方使用它们。事实上，照相机和摄像机的使用已经反其道而行之，成为反对压迫或权力滥用的有效工具。如果你能拍下滥用权力的过程，那么你对他们的反抗就不再仅仅停留在语言上的对决了。

在我们开发 AR 和 VR 世界的过程中，我们需要牢记这一点。摄像头的一些新用途已经出现，其中包括 Meta Quest Pro VR 头显，该头显有 10 个摄像头，前置摄像头用于了解周围环境，后置摄像头用于捕捉你的面部表情，并将其传输给你的化身。惠普 Reverb G2 Omnicept 版 VR 头显可捕捉面部表情和身体状态数据，如心率和瞳孔测量，以估计你的情绪状态并以此衡量训练效率。AR 和 VR 都使用视觉和潜在的空间激光雷达（LiDAR）扫描你所处的环境，为你呈现优秀的数字 / 物理交互功能。众多摄像头用于测量一些非常私人的数据。

我听到过有人反对所有这些设备和技术。我不想表现得像一个鲁莽的辩护者，但从长远来看，我认为这些设备具有能够帮助我们了解我们自己和我们所处的环境的好处，这些好处将大于其潜在的风险，前提是收集和跟踪这些信息的公司必须在处理这些信息时尽职尽责。如果那些分析我们的情绪、观察我们的起居室的公司在处理这些信息时漫不经心，那么完全大众化的 AR 和 VR 一出现就会胎死腹中，彻底完蛋。如果 Meta、惠普，以及任何开始生产优秀 AR 头显的公司都能保持尊重和谨慎的态度，并且摄像头和传感器的数据能为终端用户带来明确的价值，那么我们就会更容易接受我们身边的这些摄像头和传感器，这个行业或许还有机会。

合作关系

最后，我想分享的是我在早期移动电话时代的经验，与合作关系有关。在我参与 FutureLab 实验室的项目生涯中，从来没有一个项目因为技术原因而失败，因为我们总是能够解决技术问题，或者找到一个可以接受的变通方法来解决问题。某个项目的失败总是（我是说"总是"）可以归咎于业务、法律或行政方面的冲突。

今天，当我审视与我合作的大公司时，我不得不承认，它们中的大多数并不灵活敏捷。新供应商的引入可能需要几个月的时间，尤其是先例很少的新兴技术领域，合同谈判工作可能非常烦琐，业务的总体节奏可能极为缓慢。如果我们要涉足新技术领域，这种情况必须改变，因为一家公司越来越难以提供全部的服务。其他公司可能会有你需要的分析、地图、IP 或基础设施。合作是必要的，而且是小而快的公司和大而慢公司之间的合作。这可能是一个很大的问题——我曾亲眼看到小公司在等待大公司将其录入采购系统以便日后付款的过程中破产并倒闭。

以日本的一家通信公司 KDDI 为例，我来解释一下我所说的这种合作关系。2021 年 12 月，KDDI 在智能手机上推出了一款 5G 应用，供东京银座地区使用。如果你在使用该应用程序时通过智能手机的摄像头观看，就会看到一个类似人类的数字助理 Aiko 站在街上，随时准备回答你的问题。你还会看到远处的 AR 标记，标记着各种兴趣点，以及一条沿着道路延伸的粉红色的线。如果你沿着这条线走，就会到达位于银座的 KDDI 商店。如果你走进商店，就会看到粉红色的线在商店的地板上一直延伸到后面，在那里你会看到著名的艺术家葛饰北斋（Katsushika Hokusai）的木版画展览。这一切都要归功于 KDDI，因为这种体验听起来似乎很简单，但却涉及不少于五个不同的参与者：KDDI 提供 5G 网络；Mawari 提供 AR 编码；Sturfee 提供城市的室外 3D 地图；Immersal 提供商店的室内 3D 地图；AWS 提供运行体验的 5G 网络服务器。我不知道它们是如何构建这种五方合作关系的，无论是在法律上还是在收入分成方面，但它们能够推出这种体验，一定是想出了一些办法。两家大公司（KDDI 和 AWS）能与三家较小的公司（Mawari、Sturfee、Immersal）迅速、成功地合作，这说明某个地方的某些人很灵活，他们设法找到了某种方法实现这一切，同时又不让律师和采购人员抓狂。

在多方合作中，需要考虑的不仅仅是合同的结构。合作关系面临的另一个挑战是：客户该算作哪家的？在这个案例里，KDDI 面向终端用户提供体验，这是他们的 5G 网络，但 AWS 拥有计算所需的服务器，而 Mawari 负责 AR 软件。如果采用不同的结构，至少在向终端用户展示时，可以将其视为 AWS 服务，或 Mawari 服务，甚至是 Immersal 服务。那么，谁拥有这种合作所产生的最终用户数据？谁来计费和管理收入分配？未来 5~10 年，不同的联盟将尝试不同的方法来回答这些问题，届时将会出现一些非常有创意的业务结构。最终，我希望我们能为这些多方服务的结构制定出一套通用的行业标准，但在达到这一目标之前，可能会有一些人在会议室里大喊大叫，也可能会有一些人无意间玩火自焚、蒙受损失。

未来的 AR 体验需要制图、分析和其他专业知识，将经常通过多方项目联盟（如 KDDI 能够组建的联盟）来创建。要做到这一点，必须具有业务敏捷性，愿意尝试新的收入和合作模式并认同多方共赢的模式。业务问题比技术问题更容易导致项目的失败，因此不要让自己的公司成为破坏项目的罪魁祸首。随着元宇宙的腾飞，那些具备业务敏捷性、能与不同规模的合作伙伴快速合作并开发出积极响应方法的公司将脱颖而出。

全新的挑战领域

从我过去的手机行业经验中寻找 AR/VR 的最佳实践很有意思，但这只能让我们走这么远。还有许多对元宇宙开发至关重要的领域目前都是巨大的问号，我们没有可借鉴的先例，或者更糟糕的是，我们只有来自互联网的糟糕先例。

这里的一个主要领域是广泛的安全和数据隐私，其范围远远超出了我在前文讨论的头显摄像头和位置扫描。如果你对此感兴趣，我推荐你阅读马克·冯·里吉门纳姆（Mark Van Rimenam）的著作《步入元宇宙》（*Step into the Metaverse*），其中包括对潜在安全风险的全面概述以及应对这些风险的可靠建议。

元宇宙各种实体的法律地位是另一个需要澄清的问题。你的化身能否合法地代表你在元宇宙中开展业务？如果有人关闭了你的资产所在的服务器，你的数字资产所有权会面对什么挑战？如果我在VR 中完成了医疗助理培训，这算不算是为现实世界的认证做了有效准备，还是说我必须在某个地方的面授学校再次接受培训？化身对化身的侵犯，比如在元宇宙平台上的性侵算犯罪吗？我们如何处理元宇宙中的肆意破坏行为？

还有一些领域在道德上并不具有挑战性，但在概念上却很困难。元宇宙中的搜索是什么样的？当我们已经从今天基于文本的互联网世界转向一个大体上是三维的数字世界时，我到底要搜索什么？元宇宙的超链接是什么样的？

未来将面临一些相当艰巨的挑战，与其因为难以想象而束手就擒、乖乖认输，不如选择将这些灰色地带视为新的合作领域，由"元数据标准论坛"（Metaverse Standards Forum）这样的机构去概述，或者作为公司的新的商机，成为元宇宙版的谷歌或脸书。我相信，在未来几年里，我们将看到一些大胆而出人意料的愿景，澄清这些模糊的话题，从而加速元宇宙的创建。

电视剧《奔腾年代》（Halt and Catch Fire）虚构了台式电脑和互联网发展初期的景象，戏剧般地讲述了在谷歌推出麦子和谷壳分类算法之前，这种有效的互联网搜索方法是多么的不显而易见。可以肯定的是，还有一些我们还没有想象到的实现元宇宙的关键性颠覆，会让本书未来的读者因为我们在 21 世纪 20 年代初对未来的预见的肤浅忍俊不禁。

* * *

在本章的最后，我不想再罗列一些我们不确定的事情，而是想用一种更积极的方式来结尾，那就是讨论个人自主操控力和控制的概念。这一点在数据管理领域至关重要，因为只有当我们让用户知道收集了哪些信息以及如何使用这些信息时，他们才会放心地在应用程序运行中展示自己的表情、情绪和起居室。

在用户界面中，个人控制同样重要。松田桂一（Keiichi Matsuda）2016 年发布的对未来 AR 世界的梦魇式想象短片《超真实》（Hyper-Reality）目前在 YouTube 上的观看次数超过了 290 万次，[16] 这可能是我最常听到其他人提及的未来 AR 的构想。在影片中，AR 眼镜佩戴者被各种信息、广告、折扣、提醒和消息轰炸。虽然影片夸张搞笑得有些过分，但确实引起了许多人的警觉：如果这就是 AR，我不想要。

别担心，亲爱的朋友们，AR 绝不会是这样的。如果真的那么难受，根本就不会有人戴 AR 眼镜。更重要的是，在任何时候都阻止观看者看到太多周围的物理环境，会带来严重的安全隐患。AR 开发人员告诉我，根据他们的经验，永远不要把任何低于腰部高度的大型数字物体放在观看者的视野中，因为这样有可能会形成遮挡，让他们无法看到地面或行走路线上的障碍物，而且很可能会造成意外事故。麻省理工学院讲师戴维·罗斯（David Rose）在其精彩又全面的《超级视力》（SuperSight）一书中分享了他十多年来在 AR 领域工作的见解，并最终总结出 14 条 "空间计算设计原则"（Design Principles for Spatial Computing）。第三条原则是我的最爱：不要淹没用户的视野。

使用 15% 的规则：保留 85% 的视野用于观察世界，然后开始在剩余的 15% 中填充增强内容。这条规则同样适用于时间。尽量使你的内容具有特定的语境，这样在 85% 的时间内，显示内容都是清晰的。[17]

戴维的设计原则并不是万能的，因此毫无疑问，在我们未来共同探索的过程中一定会看到一些 AR 错误。但是，如果我们的出发点是将尊重他人、感知情境的 AR 作为我们期望的最终状态，那么在我们解决了硬件、网络、所有其他技术和道德问题以及其他一切问题之后，我们就有更大的机会创造出人们愿意使用的体验。在信息、通知、广告等方面让终端用户可以完全控制出现、没出现在他们视觉空间中的内容，这只是第一步。

这才是真正的更大的问题：一旦我们想办法成功地实现了硬件、业务实践、政策和设计实践的预期进化发展，我们究竟该如何利用元宇宙来实现这一切的价值？未来我们究竟要用超能力解决什么问题？

第十章

我们的元宇宙超能力

新技术只有在不花费太多成本就能解决问题的情况下才能取得成功：这是我判断一项创新是否值得关注的经验法则。对于 VR 技术而言，其成功之路已经基本确定。在这一领域，既有消费级硬件和软件，也有企业级硬件和软件，它们都能提供出色的用户体验，销量高达数百万台，并为开发群体带来数百万美元的收入。VR 有许多且每天都会涌现更多、更明显的用例和优势。虽然还有很大的发展空间，但火箭已经发射升空。

在头戴式 AR 技术方面，企业方面也取得了类似的成就。大大小小的企业级 AR 头显公司创造的"解决问题式设备"已经带来了可观的增长和收入。但是，对于大众市场，即你我在房子周边或去商店的时候日常佩戴的 AR 眼镜来说，火箭目前还在装配线上。

在上一章中，我着重介绍了未来 10 年为降低 AR 头显的尺寸和成本而在进行的行业变革性发展。我很乐观，相信随着时间的推移，得以良性循环的行业发展会越来越强劲。现在只剩最后一个问题了：我们要如何使用 AR 头显才能实现佩戴头显的价值？我相信，就像手机当初的发展一样，需要有一个明确的实用点，能带来显而易见的使用好处，才会让我们当中的一些人开始愿意经常在公共场合把这种疯狂的新设备戴在头上。但这个实用点会是什么呢？

从智能手机到智能眼镜

2022 年 5 月，在谷歌一年一度的 I/O 开发者大会结束时，谷歌发布了一个题为"用 AR 打破语言障碍"（Breaking Down Language Barriers with Augmented Reality）的视频，很有趣，没有额外的标题，也没有评论。[1] 在视频中，一名谷歌团队成员递给一位女士一副标准外观的黑色眼镜——没有连线——当她戴上眼镜时，谷歌成员告诉她，这副眼镜可以让她开始"看到我说的话，为你实时转录。有点像给眼里的世界配上了字幕"。[2] 视频中的动画显示，当谷歌成员说话时，这些词会出现在半空中，大概是在模拟那位女士在眼镜中看到的样子。她惊讶地睁大眼睛，露出灿烂的笑容，因为她确实看到了他所说的话出现在她面前，这样一来她就能"阅读"对方说的话了。

在下一个场景中，一名男子与他讲西班牙语的父亲对话，父亲也戴着这副眼镜。当儿子用英语说话时，父亲看到的不是儿子实际所说的英语文本，而是近乎实时翻译过来的西班牙语文本。通过将"语音转文本"功能与谷歌先进的翻译资源（Google Translate）相结合，谷歌已经（或至少正在考虑）以一副眼镜的形式打造一个真正的"巴别鱼"。[3]

谷歌在发布这段视频时并没有公开谈论这个特殊的项目，但在元宇宙圈子里，他们所展示的内容引发了广泛的讨论。一些人认为整个视频就如同一枚烟雾弹，展示的只是一种概念而非产品。还有人认为，眼镜可能是通过蓝牙与附近的智能手机连接，在智能手机上进行语音转文字处理。谷歌后来在博客中表示，他们计划与研究人员一起在广大世界中测试这项功能，但这项实时语音转文字服务的实际开发程度究竟如何，我们还一无所知。[4] 无论谷歌的视频中显示的是他们已有的能力还是未来的意图，产品的使命是明确的：

为日常生活提供字幕！我的听力很好，但我看电视和看视频的时候都会打开字幕，因此我完全理解这种功能的实用性。有了字幕，就不会错过任何内容了。

谷歌并不是目前唯一致力于在 AR 眼镜中开发语音转文字功能的公司。小米公司（Smart Glasses）在其智能眼镜原型中展示了同样的功能，该原型通过电缆与 5C 手机相连。[5] 在英国，软件开发商 XRAI Glass 专门开发了一款语音转文字产品，专为聋人提供闭路字幕，并宣布计划通过市场上已有的 NReal AR 头显提供服务。[6] 与此类似，Oppo 的 Air Glass（已在中国发布）可与智能手机配对使用，提供包括提词器在内的一系列服务。[7] 虽然它不像戴在头上的语音转文字设备那样普遍有用，但对于我们这些经常做演讲的人来说，是一个绝妙的好主意。

不过，拥有实时字幕并不会改变我的生活。我年迈的母亲患有严重的听力障碍，她的手机可以在打电话时为她提供实时语音转文字字幕，这对她的帮助很大。但手机不在的时候，她就只能依靠助听器，而助听器有两个问题：（1）价格昂贵；（2）体积很小。她的视力也不是很好，而且时不时会弄丢助听器。这就又回到了第一个问题——更换助听器的费用很高。

如果我母亲能有一副她可以整天佩戴的处方眼镜，可以通过语音转文字的方式读出别人对她说的话，而且摘下眼镜后还能很容易地找到，那她的生活就会轻松多了！当然，她并不是唯一有这样需求的人——在美国，18 岁以上的成年人中约有 15% 患有听力障碍。[8] 超过 3 700 万人，这是一个巨大的潜力市场，更何况还有大量像我这样听力很好但无论如何都喜欢看字幕的潜在用户没算在内。

看到谷歌视频的那一刻，我豁然开朗。至少对我来说，给现实生活配上字幕的语音转文字功能，真有可能成为让人们开始接受并佩戴 AR 眼镜的起点。我肯定会试一试，我也想看看它们是否能帮助我母亲。如果价格合适，美国还有 3 700 万人可能也有兴趣尝试一下。一旦有足够多的人开始购买和佩戴，就会产生收入，逐渐地，越来越多不同种类的 AR 功能获得资金得以推动，然后——繁荣发展！到 2030 年，我们对 AR 智能眼镜的依赖程度将超过智能手机。

好吧，我在最后几句话中加快了时间线，但你能明白我的意思。即使实时语音翻译和转录不是"撬开牡蛎壳"的英雄服务，但在我看来，人们想增强某种感受或感觉的想法是极为普遍的，也是非常容易理解的。将来让我们开始佩戴 AR 设备的会是某种听力或视力的增强需要。毕竟，眼镜戴在头上可以完美地辅助听力和视力，我们中的很多人都需要这种帮助。再加上美国已有超过三分之二的成年人经常佩戴眼镜，这就为我们提供了一个蓄势待发的市场。[9]

我们的元宇宙超能力

现在，我们快进一下。假设经过几年的发展，我们已经开发出了经济实惠、舒适时尚的 AR 眼镜，现在我们的头显已经开始为我们做一些神奇的、实时的、能解决问题的事情。考虑到 AI、地图、网络、云和其他技术的适用范围，哪些功能是我们的合理期望，是消费级 AR 头显在我们穿梭于物理世界时能为我们提供的吗？如果正如我们将要看到的那样，元宇宙的目的是将我们与人、地点、信息、服务和体验联系起来，以实现娱乐、知识获取、自我提升和陪伴，那么这样的元宇宙在实践中究竟会是什么样呢？

提醒：当我们定义 AR 头显未来可能的功能时，必须小心注意，要把那些当下智能手机、平板电脑、台式电脑就能实现的功能排除在外，因为人们通常会选择阻力最小的方式，不太可能用 AR 头显去做那些本来已经可以用其他方式轻松完成的事情。举例来说，当你经过本地杂货店的过道时，引入一个 AR 过滤器来显示打折信息，其作用是有限的。因为老实说，超市用纸质标签标明打折商品，已经做得很到位了。这并不是说最终不会出现一款可以供我们日常使用的 AR 折扣显示应用，我只是想指出，最成功的早期使用案例必须具备其他媒介尚未提供的高实用性，这样人们才会迈出最初的那一大步，愿意把计算机放在脸上。

了解最重要的是什么

消费级 AR 头显的第一个也是最明显的用途，是扩展 Google Lens 等智能手机功能已经建设起来的路径，即利用视频和音频来识别你周围的物体、声音和地点。树木、花朵、汽车模型、他人的时尚物件、你现在听到的歌曲、你当前所在位置的历史——只要是你想得到的，都能识别出来。这种"我看到的东西是什么？"的识别功能已经开发了很多年，有许多版本，如今在你的智能手机上就可以使用。AR 头戴设备的实用性是智能手机无法比拟的，它能够在完全免提的情况下接收环境中物品的相关信息，而无须通过低头看屏幕等方式脱离周围物理环境中的地方和人物。

　　我是康奈尔大学实验室研发的鸟鸣识别应用 Merlin 的忠实粉丝，Merlin 可以作为例子来展示基于 AR 头显的信息工具的潜在用途。虽然我很想知道现在听到的鸟鸣声是不是来自雪松太平鸟，但从口袋里掏出手机，滑动到正确的应用，然后按下"开始识别鸟类"（Start Bird ID）按钮，还是有点麻烦。再加上要同时兼顾手机和狗绳（尤其是当狗狗发现一只松鼠时），我可能永远都不会知道那是什么鸟在唱歌了。如果能提供一个更直观的界面（关于界面的内容，稍后详述）来获取这类信息，同时又能让我腾出双手来牵狗，腾出眼睛来在树叶间寻找"歌者"，那将是我非常感激的解决方案。将这种想法扩展到自然界甚至"人造"世界中我们周围的一切事物，那么，大量关于附近事物的信息就可以通过头戴式 AR 眼镜来获取了。

　　最适合 AR 眼镜的另一种身份识别方式是面部识别，尤其是在某些允许的环境下进行的面部识别。举个例子，如果一款基于眼镜的面部识别应用能够链接到 Meta 公司的全球用户照片数据库，并将你与走在街上的每个人的姓名和最新发布的内容联系起来，很明显这将是一种大规模侵犯隐私的行为，会引起公众的愤怒，并使 Meta 公司的长期 AR 发展计划瞬间夭折。所以，不，我想说的不是这种。

　　但是，如果你是在一个人群聚集的地方，比如会议或家庭聚会，每个到场的人都：（1）应该在那里；（2）你可能有兴趣和许多还不认识的人交谈，那么面部识别就会成为一个实用的工具。当然，会议和聚会上都会发名牌，这些名牌往往别在胸前的某个位置，偷偷看一眼名牌，就能互相知道谁是谁。可是这种偷偷瞄一眼的做法，并不能让人有足够的时间看清对方的公司和头衔。试想，如果会议要求人们提前发来自己的照片，并请求允许会议面部识别服务对其进行识别，那么就有可能建立一个 AR 应用。这个 App 只能在会议大厅的物理区域内和活动时间限制内发挥功能，可以利用面部识别功能显示与你交谈的每一个人的姓名、头衔和公司（或与曾祖父温斯顿的关系）。一旦你离开会场，或者活动一结束，面部识别功能就会失效。如果这款 App 随后还能向你发送一份清单，列出与你交谈过的每个人的姓名、头衔和公司，那就加倍有用了。而且，这一切都是免提的，不需要打断交谈对象的视线，也不会让人尴尬地误以为你低头看了一眼对方的胸部。

不过，面部识别并不总是用来确定一个人的身份。麻省理工学院的研究发现，孤独症患者通常难以理解他人表达的情感，但当情感表达得更为强烈时，他们就能更成功地理解。[10] 相关研究人员推测，可以利用 AR 来帮助神经分裂症患者更好地理解周围的人。方法是首先使用 AI 来识别他人的情绪，然后在 AR 显示屏中通过调整某些像素来扩大笑容或加深皱眉，从而夸大这些情绪。如果这个太难，那么即使是有一个简单的文字标签，来识别他人当前的主要情绪，也会很有用。实际上，情绪字幕可能会让我们所有人都受益。是的，所有人。

将你与你目前不具备的外部知识体系连接起来，就是要使你周围的物理现实中之前隐藏的身份显现出来。这就是化无形为有形。这就是全知全能。这一领域将大有可为，它将成为说服我们佩戴 AR 头显的初始功能之一，尽管这一技术的真正潜力还要大得多，稍后会讲到。

了解如何做好

工业设计专家唐·诺曼（Don Norman）在其经典著作《设计心理学》（*The Design of Everyday Things*）中，就如何传达设备或系统的操作说明提出了具体建议："把操作技术所需的知识放到世界里。不要要求所有知识都必须储存在头脑中……要让非专业人员也能利用这些知识。"[11] 这正是目前的头显中已经在使用的大部分企业级 AR 背后的原理，它可以让用户免提访问手册，或让用户与远程专家共享视频画面，由专家指导来完成工作。

让尽可能多的人获取操作说明的原则，也将为消费级 AR 的用户带来巨大的好处。当我买回家的宜家餐桌里没有纸质安装说明书的时候，我在平板电脑上找到的电子说明书帮了大忙；但如果这些说明书能在 AR 眼镜中免提使用，不仅能向我展示图例，还能分析我的视野，突出显示我需要使用的下一个部件，并说明如何把它们组装在一起的话，那就更加事半功倍了。

不仅仅是宜家家具说明书，任何有关如何操作或修复物理世界中某样东西的说明都有可能变成 AR 指南。YouTube 上教人如何操作和生活小技巧的视频数量惊人，这些视频总是令我惊讶，总是在那里等着向你展示如何修复、改变、加强，或改善生活中的几乎任何东西。我已经学会了如何更换汽车的天线电机、全铺地毯（好吧，那是我丈夫，不是我）、解决电脑问题、修理水槽、更换门把手、用塑料水瓶把鸡蛋的蛋清和蛋黄分开……如果所有这些内容都能通过 AR 眼镜来免提访问，那就更好了。

我们再来借鉴一个企业的案例。如果能够实时呼叫某种专家，让他们看到你所看到的一切，并指导你如何完成更复杂或更专业的任务，AR 眼镜也同样非常有用。事实上，有一个商业案例与芬兰国家技术研究中心（VTT）为其未来搭载 AR 功能的"超级清洁工"所设想的情况类似，不过其应用场景是在家里，你可以呼叫各行各业的专业人士，帮助你完成从清除地毯污渍到更换车库门开启器等各种工作。你不必等待专业人员上门服务，他们也可以服务更多人，同时为你们双方省去了路途上的时间和费用。这简直实现了双赢！

甚至如果把 AR 眼镜应用到 911 一类的紧急服务中，有可能让接线员看到你所看到的情况，并在你等待专业人员到来的时候，告诉你最佳的缓解措施。几年前，我父母的车在车道上没电了，我想帮他们启动汽车。殊不知，有一只松鼠在发动机舱内做了窝，汽车之所以没电，是因为松鼠咬断了几根关键电线。这些裸露的电线，加上松鼠为了把窝做得舒适而塞在发动机下面的树叶，导致在我给系统供电的一瞬间，汽车的发动机就着火了。我立即拨打了911，电话那头一位冷静沉着的女士在通知消防部门后，问了我一连串的问题。汽车是在车库里吗？附近还有其他易燃物吗？火势有多大？如果我能和她分享我的 AR 眼镜视角，她就能马上看到这些问题的答案。但是，有一个关键的问题她没有问：汽车引擎盖是打开还是关闭的。值得庆幸的是，我父亲很快就关上了引擎盖，消防员赶到后对这一举动大加赞赏，因为减少可用氧气是控制火势的有效方法。如果是我一个人，我不会想到这一点（很不好意思，但我得承认）。而且由于 911 接线员女士也没有提到这一点，在消防队出现之前，火势可能会变得更加严重。既然思维敏捷的父亲不可能时刻在我们身边，那么让 911 接线员能够立刻看到你遇到的问题，也许是防止紧急情况在消防员到达之前变得更加糟糕的一个办法。

了解如何做得更好

能够接收如何做一件新事情的指令固然是一件好事，但未来的 AR 还将能够使用 AI 来分析你随后采取的行动，并为你提供实时反馈，帮你改进。与早期支持 AR 的元宇宙应用程序相比，这将是一个明显的转变。在早期的元宇宙应用程序中，信息确实是双向实时传播的，但仍然相对有限，尤其是在向你传达信息的复杂性方面。从分析某人工作时的表情并提供其姓名，到分析你最近 5 次的高尔夫挥杆并为第 6 次挥杆提出改进建议，这是一个很大的进步。

我在两个主要领域看到过这类例子：物理领域和社交领域。在物理领域，基于 AR 的分析技术可以在空中以箭头的形式显示可见的指引，比如，教你在篮球比赛中用最佳方法和抛球角度做到完美上篮，或在障碍马赛中教你找到最佳起跳点。现在的分析工具通常会对你拍摄的视频进行事后反馈。如果你能在练习时看到前方地面上用 AR 标记的起跳点，或者你的教练能从他们的第三方视角实时看到同样的情况，那该有多厉害？这种应用远远超出了竞技体育的范畴。我很想得到实时反馈，了解我当前的瑜伽姿势是否符合标准，或者在我劈柴取火时，给我一个 AR 生成的目标标记，告诉我下一次斧头砍在哪里最有效。

在社交方面，实时反馈无疑可以帮助认知能力不同的人游览世界，不仅可以解读他人的面部表情，还可能对用户自己的行为提供反馈。不过我们需要小心，因为这可能很快就会变成"黑镜"（Black Mirror）般的体验。如果约会中的两个人都把时间花在等待眼镜根据对方刚刚说的话来告诉自己下一句该说什么上，那么使用AR让人与人连接的整个想法就落空了。具有实时行为反馈功能的AR眼镜更能有效发挥作用的场景是：培训和自我提升"刁钻"的人类技能，如公众演讲、发布坏消息或成为销售人员。

操控现实

随着AR的发展，逐渐地，AR所能提供的将远不止实时、免提信息。它将能够真正将我们与其他现实世界联系起来，这些现实世界既存在于物理世界中，也存在于无限的想象世界中。届时，AR将与目前基于台式电脑或VR的沉浸式元宇宙体验并驾齐驱，同时在物理世界中继续发挥强大的作用。

操控我们周围的环境并将我们与另一个现实连接起来的一个重要方法，就是将另一个人的实时3D再现带入我们的空间。如今，利用动作捕捉工作室已经可以在自己的物理空间中看到另一个拟真的人，但受制于所涉及的费用和后勤工作，这一技术在企业和商业活动中的应用有限。

从消费者来看，可以把一个人的真人3D版本通过VR带入你的物理空间，以化身的形式，而不是拟真再现。我的朋友道格·霍胡林（Doug Hohulin）是我的VR实验伙伴，我们一起探索了利用Meta Quest Party功能可能做的事情。这项功能可以让你的化身加入朋友的Quest数字大厅区域，也可以让你们一起加入其他应用，最多可以六人一组。我们都听说 Wooorld 应用很适合多人游戏体验，所以我们就一起去体验了一下。Wooorld 使用直通视频，在你自己的空间里向你展示世界地图。当我们进入时，我立刻沉浸在威尼斯的巨大 3D 展示当中，它突然出现在我客厅的大部分地板上。然后我转过身，发现道格的 Meta 化身也出现在我的空间里，而且还是真人大小——吓得我直接尖叫了起来，就像是突然发现我的客厅里多了一个人！当我从惊吓中缓过神来之后，我俩做了比对——我在我的客厅里看到了道格的化身，使用的是我的直通视频；而他在他的客厅里也看到了我的化身，使用的是他的直通视频；同时，我们都看到了威尼斯的地图，并且可以在我们各自的楼层上操作同一张地图。这种感觉非常酷，好像我们就在同一个房间里，尽管我们看到的对方是卡通形象，而且我们的视觉环境也不一样。我在加利福尼亚，他在堪萨斯城，我们之间实际的物理距离完全被消除了。在我们结束探索这个迷人的地方的时候，道格和我一致认为，我们感觉整个下午都是在同一个地方度过的。当然，我们就是在同一个地方度过的。数字体验是真实的体验。

在 AR 中创造类似的体验，技术上讲无疑是困难的。坐在会议桌旁的拟真全息图、微笑着与家人围在生日蛋糕旁并让所有人都能看到的化身——微软和 Meta 都宣布正在努力实现这些形式的全息存在，但这还需要一段时间。在未来 10 年里，我们将看到各种各样的解决方案，让人们在 AR 中相聚——除了极佳的 Meta Quest Party 体验，我个人也非常喜欢 Proto 公司为远程演示等活动设计的全息显示器[12]——多家公司都在努力实现元宇宙的这一特殊圣杯。

不过，与此同时，我们周围的很多物理世界都可以进行操控，而且计算和连接成本远远低于全息呈现所需的成本。在 2020 年的 Facebook Connect 大会上，脸书举例说明了 AR 在未来能为我们做些什么，其中一个例子就是调整 AR 眼镜的对比度，以便能更清楚地看到正在阅读的书，而不是起身去开灯。这种使光子更有效地照射到眼睛上而不是调整整个房间的光含量的能力，是一种微妙而实用的解决方案。改善弱光下的视力很可能成为 AR 眼镜的另一个杀手级应用，就像手电筒成为手机必备配件一样令人惊喜。成功的创新不一定要能让人炫耀，只要能解决问题就行。

我们很多人都有一个问题，那就是吃得太多。东京大学（University of Tokyo）的研究表明，使用 AR 或 VR 技术让食物的分量看起来更大，是让人们减少进食的有效方法，因为你的视觉线索告诉你，你吃的食物比实际吃的要多。[13] 我知道，我很乐意在以为自己吃得更多的同时吃得更少！

另一种对视觉世界进行巧妙而有效操控的方式是减少现实，而不是增强现实。在营养学的世界里，想象一下你有乳糖不耐症，而你正在杂货店里。如果有一个 AR 程序能在你走过货架时突出显示最适合你吃的东西，那可能会很有用；但如果能把那些会让你胃部不适的东西完全像素化，让整个奶制品箱变得五颜六色、模糊不清，那可能会更有用。如果你像奥斯卡·王尔德一样，除了诱惑，什么都能抵挡，那么这款应用软件也许就适合你。降低真实度是我们必须采用安全和社会标准的另一个领域——如果一款应用，在你工作时，抹去了令你讨厌的同事的视觉存在，那将是不可接受的——但无论如何，AR 在物理世界操控领域所做的几乎所有事情都将如此。

视觉操控的最终可能是重新绘制你的世界中的表面和物体，让你似乎完全置身于另一个地方。这种先进的"全景舱"式功能不会很快出现在 AR 中，但最终肯定会出现。在元宇宙 Ouest Pro 头显中，我们已经开始体验到这种数字 / 物理结合的功能，尽管在应用为你重新绘制之前，你必须先向头显具体指明你所在空间的地板、墙壁和家具。

早在 2019 年，我就第一次听到有公司在讨论这样一个想法：改造你周围的环境，让它们看起来就像你在最喜欢的游戏世界里穿行，或者是在一个度假胜地。这样做的目的可以很简单，比如在游戏中可以放松娱乐，或者在度假中可以改善心理健康。或者，目的可以更加积极。2020 年 12 月，据报道，达拉斯郊区得克萨斯州丹顿市（Denton）议会正在考虑如何让孩子们放下智能手机，在市内的操场上玩耍。[14] 该委员会认为，将智能手机作为游乐场的工具，而不是与之对立会更有效，因此他们正在探索，开发一款智能手机相机应用，将游乐场下方的地面变为熔岩。这确实会增加"别碰地板"游戏的风险和刺激性，并提高室外游乐场所的受欢迎程度。但我相信你一眼就能看出这个计划的缺陷：孩子们只有通过智能手机里的摄像头才能看到熔岩，而这就占用了他们攀上爬架、远离熔岩所需的一只手。AR 眼镜可以很好地解决这个问题。

正是对物理世界的改造开始将我们带入 Niantic 开发的 AR 领域。如前所述，Niantic 的目标是利用元宇宙技术将我们从黑暗的游戏藏身洞带到阳光和新鲜空气中，这也是他们的核心理念之一，即 AR 元宇宙远高于 VR 元宇宙。2022 年 11 月，Niantic 宣布将把他们的 Lightship 视觉定位系统（Lightship Visual Positioning System，后文简称 VPS）引入高通公司的 Snapdragon Spaces AR 开发平台，以实现两家公司的共同目标，即打造一款可在室外使用的 AR 头显，并能在物理世界中以厘米级精度定位数字对象。正如他们所说，有了这种高精度的映射能力，开发人员、消费品牌、创作者、企业和其他任何希望打造 AR 体验的人都能将他们的想法变为现实。比如让一栋建筑呈现出奇幻的主题，或者为用户提供超本地化的步行和交通指引，或者在公园长凳下隐藏数字寻宝游戏的线索。[15]

通过 Niantic 的 VPS，一个人可以在物理世界中创建并放置一个持久的数字对象，随后其他人也可以发现这个对象。现已停产的微软手机应用 Minecraft Earth 曾探索过这一功能，在这款应用中，你可以将数字 Minecraft Earth 结构锚定到物理世界的某个特定位置——比如，在你房子的顶部添加一个积木炮塔——并邀请朋友通过他们自己的手机看到它。虽然这种方法既麻烦又难用，而且只能在手机上的 Minecraft Earth 会话激活时才能使用，但能够对物理世界进行数字改变，让其他人也能看到，这种想法非常强大，具有巨大的潜力。我很高兴看到 Niantic 正在努力以一种比微软更持久的方式实现这一目标。如果 Niantic 做对了，他们就有可能成为 AR 元宇宙的主要推动者。

游戏化

当然，Niantic 是以游戏公司的身份而闻名，这就引出了一个真正令人兴奋的话题：AR 头显带来的游戏化。当然，会有很多基于现实世界的 AR 游戏，比如 Niantic 提到的数字寻宝游戏，但真正强大的创新，是将 AR 游戏化应用于现实世界中的活动的能力，而这些活动通常根本不是游戏体验。

Reddit 的用户 VoxelGuy 是这一领域的先驱。VoxelGuy 在 2021 年 2 月发布了一段视频，展示了他如何创建一个 VR 应用程序，让他看到散落在客厅 Unity 副本地板上的虚拟欧元。[16] 他将 Unity 副本固定在实体客厅，将 Oculus Quest 手柄连接到他的实体吸尘器，然后戴上 Quest 头显。当他在物理世界中吸尘时，他能够"看到"虚拟吸尘器在与之匹配的 Unity 客厅中吸走虚拟欧元。这些象征性的钱不仅是一种"奖励"，还能让他一目了然地看到哪里已经吸尘，哪里还没有吸尘，并明确让他知道什么时候他已经把所有地方都清洁干净了。VoxelGuy 用 VR 制作了这款应用，虽然需要扎实的 Unity 知识才能完成，但你一眼就能看出这样的应用在未来会成为一款受欢迎的 AR 应用。让吸尘变得有趣？事实上，可以让任何重复性工作都变得有趣，甚至可能具有竞争性？让我报名！

我完全相信 AR 帮助我们将生活游戏化的潜力，特别是围绕重复性和不受欢迎的工作，这将是 AR 最成功和最具影响力的领域之一。我很想在社区周围投放一条虚拟的金币小道，让我的孩子们在遛狗时跟着收集金币，这样就能确保他们每次在户外逗留的时间都超过 3 分钟，然后让他们用虚拟金币换取某种奖励。或者，我很想下载一份与《英国家庭烘焙大赛》(The Great British Baking Show) 中某项技术挑战相关的食谱，让我的 AR 眼镜设置与参赛者相同的计时器，然后使用可视化分析来评判我的最终产品，并告诉我，如果我去参加节目，我的表现会如何。与物理世界中的实际活动相关联的协作、竞争和纯粹玩乐的机会无穷无尽，未来将为创意开发人员提供新的主要收入来源。

生活游戏化所要解决的问题是，如何为不得不做、却又不想做的事情找到动力。我们生活中都有很多这样的琐事。想一想，如果把你或你认识的人可能在玩《糖果大爆险》（*Candy Crush*）之类的游戏上耗费的时间，花在做一些同样吸引你、但同时又能帮助你完成必要工作的事情上，那么这些时间利用是不是能更有成效呢？

下次做家务时，想一想——如何利用某种数字元素或 AR 头显提供的测量功能，让家务变得更有趣。你可能会突然捕获一个新的商业创意。

求助！我没有键盘！

在所有这些免提 AR 的叙述中，隐含的意思是……你的双手实际上是自由的。这就引出了界面问题。如果你的头上只戴着眼镜，你该如何与界面互动呢？

科幻小说为我们提供了大量以无键盘方式与计算进行交互的模式，从皮卡德船长（Captain Picard）霸气的语音命令——"计算机，给我就这么干！"（Computer, make it so!），到托尼·斯塔克（Tony Stark）一边与 JARVIS 聊天，一边操纵面前空中的数字图形。Alexa 和 Siri 等基于语音的界面，向我们展示了语音驱动 AR 头显命令的能力已经存在。而在手势方面，Hololens 和 Oculus Quest 已经具备了相当不错的手部追踪能力。早在 2021 年 3 月，Niantic 和微软就合作进行了一次概念验证演示，展示了 Niantic 首席执行官约翰·汉克（John Hanke）通过手势命令控制 Hololens 在公园里玩 Pokémon

Go 的场景。结果看起来非常自然，让 VR Scout 的记者凯尔·梅尔尼克（Kyle Melnick）忍不住在文章中写道："不瞒你说，在混合现实中喂养皮卡丘，看起来是一件让人快乐得发疯的事情。"[17]（确实有趣。）

但是……让我们考虑一下实际情况。你可能并不总是想大声告诉眼镜该做什么。说出"眼镜，告诉我正在和我说话的这个人是谁"，就和拿起对方的会议名牌近距离观察没什么两样，都会干扰对话。同样，一个需要你一直在面前挥动双手的界面可能会：（1）让你无法用手做事，就像拿着智能手机一样，从而破坏了 AR 的免提优势；（2）让你看起来像一个疯子。这两种情况都会对 AR 的普及产生极大的反作用。

安装在手腕上的跟踪器可以在不直接占用手指的情况下检测手指的运动，或许可以解决这一难题。

总部位于赫尔辛基的 Port 6 是在这一领域探索的公司之一，其联合创始人胡佳明（Jamin Hu）曾和我说："听着，当 AR 出现时，我们不太可能在公共场合使用手部追踪技术，"原因如上所述。Port 6 公司开发的软件可以让智能手表检测到手指"轻微而隐蔽"的敲击和握紧动作。将其与 AR 头显连接起来，手指的敲击动作就可以变成头显的控制动作。这些细小的手指动作与在身体前方做出大范围手势相比，简直是天壤之别。这表明，微手势可能会在未来社会可接受的 AR 头显界面格式中发挥重要作用。在会议上，如果我只需要将中指和拇指并拢，同时看向某人的脸，就能在眼镜上调出"显示此人的姓名和头衔"功能，那么我实际上已经有了一个比"瞥一眼此人的名牌"更微妙的解决方案。而且，我的双手还是自由的。

Meta 公司也在开发基于手腕的界面设备，使用的是他们在 2019 年收购 Ctrl Labs 公司时获得的肌电图（EMG）技术。这种方法基于手腕的传感器，当你命令手指移动时，传感器会采集大脑发送给手指的神经信号。[18] 显然，这种方法可以实现很大的颗粒度，因此，在你训练神经接口腕带，告诉它你的个人神经构造如何工作之后，腕带就会明白："啊，这个来自左右手的神经信号组合在一起，正在进行输入大写字母 B 的键盘动作。"完成这项训练后，你就完全不需要在键盘上打字了——你可以用手指在任何表面上敲击，敲击的方式与键盘的意义相同，腕带就会明白你想敲击哪个键。让人惊讶的是，一旦到达这个阶段，你可能根本不需要移动手指。显然，当你只想着打字时，即使你的手指没有动，你的大脑仍然会通过神经向手指发送残留的信号，而如果腕带足够灵敏，则可以捕捉到这些微小的冲动。

我以打字为例，是因为这个例子很容易理解（也很有感染力），但实际上，我不认为我们会在元宇宙中经常打字。与阅读或写作相比，元宇宙更注重在 3D 空间中体验和接触数字世界和物理世界。元宇宙绝不会完全不用文本，但它很可能就是我们所说的"后文本"，因为它强调的是我们与声音、图像、空间、人和行动之间的互动，而不是文字。文本的缺失会产生一些严重的影响，包括我在上一章中提出的问题：元宇宙中的搜索引擎是什么样的？你会搜索什么样的东西？无论这两个问题的答案最终会是什么，我们今天可以看到的是，元宇宙将代表一种更加 3D 立体的和体验性的计算交互方式。从长远来看，我认为我们将不得不重新思考很多我们目前认为理所当然的事情，而不仅仅是我们的界面。

可能制胜的其他外部因素

既然我已经打开了潘多拉魔盒，把科技搬到我们的头上和手腕上，可能会给我们与计算的关系带来地震般的变化，那就让我把魔盒的盖子再推开一些。我想说的是，我们最终将物理世界和数字世界融合在一起的方式可能是从未有人想象过的。Mojo Vision 公司正在开发 AR 隐形眼镜（而且还能用！），其他公司也在探索通过安装在我们头骨上（或者，参考 Neuralink，植入在头骨里）的设备来创建计算机控制点。我们现在所知道的是，没有人能确定未来 AR 的主流形式因素是什么。毕竟，我们目前在手机上使用互联网的频率和在电脑上使用互联网的频率差不多，而这在 1995 年是完全无法预见的。眼镜、大脑植入体、腕部传感器、隐形眼镜、语音界面、投影——还是，完全不一样的东西？

我也在密切关注 AI 的发展，它正越来越多地将编码能力带给大众。人工智能是 AR 和 VR 工作方式的核心中的核心，其重大进展将在整个 AR/VR 领域产生深远影响。在 VR 世界中，这种情况已经开始显现，Meta Quest 中的 Zoe 平台就是一个例子，它可以让非编码者通过拖放对象和模板来创建自己的 VR 世界。[19] Zoe 平台上包含通过 Sketchfab 获取的一百多万个 3D 物体，是一种直观的格式，可供想要建立自己的 VR 场所的人使用，用于教育、治疗、会议、娱乐或任何其他他们希望构想出来邀请他人参与的用途。

我们已经可以看到一些 AI 的转变，它们可能会在 AR 的规则还没有完全写好之前就改变它。OpenAI 的 ChatGPT 于 2022 年 12 月大放异彩，是其中一个重要的候选者。它能够根据自然语言提示生成类似人类创作的回复，而且不仅限于文本。如果你友好地请求它，它确实能为你写出一集令人信服的《海绵宝宝》（*SpongeBob*）或《办公室》（*The Office*）。它还能创作音乐，编写计算机代码。"计算机，将本次会议上与我交谈的每个人的脸，与会议面部数据库进行匹配，如果找到可能匹配的人，请在我视野的右下方显示匹配的确定概率，以及他们的姓名、头衔和公司，持续 10 秒钟。"哔、哔哔、哔哔哔——你的新的 AR 眼镜功能就这样诞生了。多么神奇！

在视觉领域，像 DALL-E[20] 甚至谷歌的 Generative Video[21] 这样的生成式 AI 实现了同样的功能，为用户梦想的任何不可能的事物创建二维视觉或视频重现。"用奶酪制作企鹅的图像，用米粒制作泰姬陵的模型。"与元宇宙更为直接相关的是，OpenAI 还创建了 Point-E，它能接收自然语言输入，并将其转化为 3D 图像。[22] 目前，这项技术还处于早期阶段——单个体素（三维像素的术语）非常大，以至于创建的物体看起来就像是用泡沫塑料球黏合而成的——但时间一定会为这项技术以及许多其他形式的 AI 带来超乎我们想象的改进。

人工智能的这些进步未来将如何与 AR 互动？如果我可以在我的物理空间中以三维方式说出任何东西，或者每当我想到一个新想法时就给自己赋予新的 AR 功能，这会如何改变——嗯，一切？

* * *

我坚信 VR 的力量，它能消除物理距离，让我们在智力和情感上与他人美好邂逅。例如，就在今天上午，我见到了我在 RAUM 的朋友迈克尔·盖林（Michael Gairing）和罗尔夫·梅斯默（Rolf Mesmer）——他们在德国，我在加利福尼亚，我们在一场虚拟活动中相邻而坐，谈笑风生。而我对我们共处时光的记忆，几乎在所有方面都与我对我们最后一次真正在同一物理空间共处的记忆完全相同。（我们甚至在 VR 中看起来更好看一些，至少我知道我是这样。）

与此同时，我也认识到 VR 有其局限性。其中一个局限就是没有人会整天、每天都沉浸在一个完全数字化的世界里，而完全牺牲物理世界。我同意 Snap 首席执行官埃文·斯皮格尔（Evan Speigel）的观点，他在 2022 年曾说："人们总有一个先入为主的观念，觉得很多 VR 工具都是为了取代现实而设计的。所以每当我们谈论 AR 时，总是试图强调对你周围的真实世界的增强效用。因此，我们基本可以肯定的是，人们实际上是热爱现实世界的并希望留在其中。"[23]

这甚至可能不是因为完全热爱物理世界，而是迫不得已。对于我们这些有责任照顾他人的人来说，无论是婴儿、孩子、宠物、父母还是伴侣，在某些时候，你不得不摘下 VR 头显去做晚饭。在我看来，AR 能够发挥巨大作用的地方在于它能够承担这些有时会让我们倍感沉重的责任，并让这些责任变得更加愉快，就算称不上是乐趣。正是出于这个原因，我坚信，与基于台式电脑和 VR 的完全沉浸式元宇宙相比，基于 AR 的元宇宙（在其中你仍然可以立足于物理世界）将会在日常生活中使用得更多，并最终会产生更大的影响力。进入想象中的数字宇宙固然神奇，但还是比不上将我们物理世界中具有挑战性的元素转化为充满奇迹和乐趣的地方。

是的，我们需要一些时间才能实现这一目标。但是，如果 AR 能够实现我和其他人现在所能想象到的潜力，哪怕只是一小部分，它都将是一个值得期待的未来。

后 记 |

元宇宙的目标

前几天，我的一位同事说："莱斯利，我知道你喜欢元宇宙，但说实话，我无法想象自己会在那里待上一段时间。我对戴上头盔或护目镜之类的东西不感兴趣，我不需要在某个数字世界里建造一个我房子的复制品，我也不是一个游戏玩家。我可以理解数字孪生在企业中的用处，如果它能帮我在工作中做一些事情，把一个很重的东西戴在头上也许是可以的。但我不戴眼镜，我也无法想象整天把一个东西戴在头上只是为了——做什么呢？买一件古驰（Gucci）？"[1]

我同事所说的话包含了我经常从人们那里听到的对元宇宙的误解：他们将 VR 和 Web3 元宇宙混为一谈，认为所有元宇宙都只发生在 VR 中，看不到元宇宙在游戏和购物之外的用途。我希望在我们回顾元宇宙解决的各方面问题之后，你会开始发现实际上的元宇宙已经与这种支离破碎、毫无目的的刻板印象大相径庭。元宇宙实际上是关于现实之间的相互连接，具体来说就是"元宇宙是一种部分或完全数字化的体验，可以实时地将人、地方和 / 或信息汇聚到一起，以一种超越纯物理世界中可能实现的方式来解决问题"。

我们来总结一下，在探讨整体元宇宙概念的过程中所涵盖的 7 个不同领域，以及元宇宙在每个领域中的贡献。这些都是已经显示出效果和用途的领域，它们可以引导我们走向一个已充分实现的元宇宙，以最成功的方式为我们服务。

- **社交元宇宙**：消除距离感，让我们能够与他人建立联系，同时展示自己选择的身份。

- **健康元宇宙**：让我们在一个充满灵感、不受评判的环境中，独自或与他人一起追求身心的自我改善。

- **服务和社会公益元宇宙**：提供远程服务和培训，同时增进同理心和理解。

- **游戏元宇宙**：为我们创造了新的世界，供我们与朋友一起探索，同时让我们应对挑战来提高技能，并在我们技能提升时给予奖励。

- **Web3 元宇宙**：使我们能够以所有者、交易者和创造者的身份参与新商业模式的经济活动——随着这些新模式的形成，风险和回报也随之而来。

- **企业元宇宙**：将我们与人员、地点、机器和流程连接起来，以便进行协作和深入了解，从而做出更高效、更明智的决策。

- **类元宇宙 AR**：这类体验为我们与物理世界的接触提供了丰富的点缀，既给我们带来了想象的乐趣，又加深了我们对所经过的空间的理解和认识。

所有这些领域反复出现的主题就是连接，将一个现实与另一个现实连接起来，使两者受益。如果我们把这 7 个领域的共同点汇集在一起，那么我们最终就能为未来的元宇宙制定一个总体目标，这个目标源自我们所看到的在当今的元宇宙中行之有效并能解决问题的东西。

因此，我们可以这样描述元宇宙的目标：

元宇宙的目标是将我们与其他人、地点、信息、服务和体验连接起来，以获得娱乐、知识、自我提升和友谊陪伴。

我在第一章中给出的元宇宙的定义（"将人、地点和 / 或信息实时汇聚在一起的部分或完全数字化体验"等）是"是什么"，而元宇宙的目标是"为什么"。这就是我对我那位对元宇宙持怀疑态度的同事的回答：元宇宙不是为了戴护目镜或玩游戏，而是为了和朋友在一起，学习新技能，做各种美好的事情，而实现这一切的方法就是将数字和物理实时地结合在一起。

元宇宙的目的也可以理解为互联网的目的，这绝非偶然。没错，元宇宙的确是互联网的下一次迭代，一次实时的、交互式的迭代，它不会出现在 2D 屏幕上，而是融入我们周围的世界。我们经常听到有人说"元宇宙是下一个互联网"，但现在我希望你能更好地理解这句话的真正含义，即元宇宙的体验与互联网的体验有何不同，以及元宇宙将实现哪些目的。连接多个现实世界是一项大得多的工程，而不仅仅是在商务会议上以海豚的形象出现——虽然你也能做到这一点。

在阐述元宇宙的目标时，还隐含了另一点，那就是"沉浸感"并非必要条件。而"临场感"反而是贯穿元宇宙的所有 7 个不同领域的一条主线，它将你的现实与其他人、地点和事物的现实联系在一起，无论你是在一个完全数字化的世界里，还是在只有少数几个数字元素来增添细微差别的物理空间里。我还要进一步指出，从我们已经在企业元宇宙中看到的情况来看，协作——一种更深层次的存在形式，可能确实是我们看到元宇宙能结出最丰硕、最有价值的果实。

另外，别忘了元宇宙还能解决问题。例如，我的同事不戴眼镜，将来也不打算戴。我对他说，这当然由他自己决定。但我今天已经戴上了眼镜，因为它能矫正我的视力，有了它，我的生活比没戴眼镜要好得多。未来 10 年，随着 AR 眼镜外形的缩小和解决问题功能的增加，今天许多不戴眼镜的人会发现，他们也会选择每天戴上眼镜，因为它能解决他们的问题，也许还能给他们的生活带来一些意想不到的新乐趣。

如今的元宇宙已变得支离破碎，分散在 Web3 豪宅、《堡垒之夜》对战、虚拟公司办公室以及附近 Wi-Fi 信号强度的可视化显现等各种领域。然而，我们可以想象，这些目前各自为政的元素总有一天会汇聚在一起，形成一个更宏大的联盟，尽管我们对如何实现这一点还有些模糊。

人们一致认为，未来统一的元宇宙需要一个更好的名字。HTC中国区总裁汪丛青喜欢称之为"实现的元宇宙"（Realized Metaverse），甚至是"更好的宇宙"（Betterverse）。[2] 凯文·凯利（Kevin Kelly）于2019 年发表在《连线》（Wired）杂志上的文章，让我对这个概念产生了浓厚的兴趣，他把自己的愿景称为"镜界"（Mirrorworld）。[3]那么我们称之为巨型宇宙（Megaverse）、大现实（Big Reality）、超宇宙（Ultraverse）、外联网（Extranet）如何？

无论我们最终如何称呼它，元宇宙都将扩展和丰富我们当前的物理现实，将其与数字体验连接起来，在正确的时间和正确的地点为我们带来具有针对性的信息、娱乐、友谊或敬畏。

为一个范式转变做好准备

让我们回到起点，回到我最初对元宇宙的定义：

元宇宙是一种部分或完全数字化的体验，可以实时地将人、地方和 / 或信息汇聚到一起，以一种超越纯物理世界中可能实现的方式来解决问题。

元宇宙可以在 VR 和 AR 中体验，除了头显外，还可以在平板电脑、台式电脑和智能手机上体验。它的重点在于临场感，而不是沉浸感，目标是解决问题。

我们也花点时间来看看这个行业已经取得了多大的成就。对于 AR 和 VR 这样的话题，我们总是将现在的情况与小说中的理想情况做比较，在那里，数字和物理完美地结合在一起。这种理想情况在很大程度上来自我们已经在电视和电影中看到的东西。这就是为什么我们很容易失去耐心。我第一次看到《星际迷航：下一代》中的全息房间是在三十多年前！而我的车库里现在还没有一台这样的全息设备呢。

只有看看几年前的产品，你才会明白这一领域的发展速度有多快。无线 Oculus Go 于 2018 年首次发布，而仅仅 4 年后，Meta 就能提供无线 Meta Quest Pro，无论从哪个角度看，都是一种成倍提升的体验。如果没有 Meta、HTC、Niantic、谷歌、苹果、微软、高通等公司以及其他一大批大大小小的公司所做的巨大投资和承担的巨大风险，就不可能有今天以元宇宙为主题的会议上众多的参展商和与会者、爆炸式增长的元宇宙应用程序和体验，以及围绕这一主题的空气中弥漫的兴奋之情。我为他们的勇气喝彩，向他们迄今为止所做的真正鼓舞人心的工作，以及他们改变人机交互界面的决心致敬。

然而这是一种范式转变。我们正在抛弃对二维屏幕的沉迷，转而沉浸在三维世界中，无论是完全数字化的世界，还是经过数字增强的物理世界。历史，甚至是最近的历史告诉我们，当范式发生转变时，新来者往往会茁壮成长。事实上，有时正因为新来者站在局外，他们比那些被卷入变革的人更能看清全局。

在这种情况下，不能不提到诺基亚。2007 年，诺基亚是全球手机市场的领导者，[4] 而当第一代 iPhone 问世时，我还记得自己当时对它的嘲笑，因为它的天线很糟糕，甚至不支持 3G。我当时坐在诺基亚总部舒服的靠椅上说道："真是一款糟糕的手机！"我完全没有想到，对 iPhone 来说，做一部糟糕的手机也不错，因为它实际上根本就不是一部手机，而是一台可以打电话的袖珍电脑。这就是范式转变，我们当时离市场太近，离自己的梦想和计划也太近，以至于无法看到。

我将今天的元宇宙发展状况与 1995 年左右的互联网发展状况作比较，一方面是为了强调我们在为我们共同梦想的元宇宙创造必要的硬件和软件的过程中处于多么早期的阶段，另一方面也是为了以一种不言而喻的背景方式暗示，也许未来所有的元宇宙主要参与者都还没有出现。毕竟，在我前面特别提到的 7 家公司中，只有 3 家在 1995 年就已存在：苹果、微软和高通，而且它们当时的面貌都与现在大相径庭。随着元宇宙的发展，新公司会崛起，老公司会衰落。并非所有公司都能很好地应对转型。新的挑战将创造新的机遇，热切的新进入者将填补空白，解决我们今天无法预见的问题。

这是世界的规律，也是技术变革不变的真理。

唯一不变的就是变化

先锋游戏开发者和未来学家简·麦戈尼格尔（Jane McGonigal）写道："当存在不确定性时，仍有机会对接下来发生的事情拥有发言权。"[5] 这正是我们现在与元宇宙的关系，在不确定的早期，任何公司或个人的行为都可能影响我们所有人的未来。

事实上，充满潜力的不确定领域并非只有元宇宙。人工智能、机器学习、加密货币、区块链等，许多新的范式重塑技术都在同时发展，无论元宇宙领域发生什么，它们都将继续沿着自己的道路前进。所有这些能力的融合以及它们与物理世界的交叉将创造出元宇宙。

那么，我们如何才能为自己和公司做好最充分的准备，并在所有这些变化中找到一条有用的道路呢？一种方法是想象一下，现在是 1995 年，你穿越时空回到了过去，见到了你自己。根据你现在所了解的情况，你会给当时的自己什么样的建议来为互联网做好准备呢？"投资"可能是一个诱人的回答，但在 1995 年，美国占主导地位的互联网领导者是 Prodigy 和 Compuserve 这样的公司，所以这可能不是最好的答案。

相反，我建议你去学习。1995 年，我对互联网不屑一顾，因为我当时很忙，而且我不知道它能对我有什么影响。如果一切可以重来，我会找一些人，让他们告诉我互联网当时能做什么以及他们认为互联网将来能做什么。我会了解哪些部分尚待建设，哪些方面运行良好，哪些方面有待改进。我会设想我公司的专业技术在哪些方面可以融入其中，这些专业技术是可以作为我们内部流程的一部分，还是能作为接触客户的新渠道。我会找出这项新技术中始终超出我的业务范围的领域，并开始考虑我可能希望与谁合作（或收购哪家公司）来弥补这些差距。我会看看我的竞争对手是如何接受它的。在寻找新技术带来的机遇时，我也会记得将其视为一种威胁，认真思考它可能会如何使其他人颠覆，还是摧毁我的核心业务。以防万一，你必须走近新技术，才能真正了解它们可能带来的机遇或威胁，以及你或你的公司在其中能发挥的最佳作用。

我还会去亲身体验新技术，并在各种情况下为各种目的亲自使用它。事实上，这可能是在元宇宙等新技术中发现机遇（和威胁）的最重要方面（我想大家都清楚，我说的不再是互联网了）。只有当那些在各自领域拥有丰富经验的高级工程师和首席客户运营官开始使用 VR 和 AR 时，他们才会发现数字呈现和表征如何帮助他们解决可能已困扰多年的问题。在专家们遇到新技术之前，这种情况不会发生；但当专家们遇到新技术时，就会发现最强大的新用途。[6] 这就是我们每个人，无论身处哪个领域，都必须掌握元宇宙驱动力的原因，因为只有这样，我们才能发现元宇宙会为我们每个人解决什么问题，也许是意想不到的问题。

正如杰里米·道尔顿在其著作《检验现实》中指出的那样，"XR 主要是一种感官、体验或可视化工具——这使得它很难被准确有效地表述出来。阅读和聆听有关该主题的介绍只能让你走到这一步。真正地理解需要亲身经历。"[7] 他说得没错，这说明你应该马上放下这本书，去找一个最近的 VR 或 AR 头显。

等你体验过后，想想你的 VR 或 AR 体验有朝一日会如何用于解决你在工作、家庭或学校中遇到的问题，或许你还可以为这一想法申请专利。现在正是做梦的时候。谁知道未来会发生什么呢！

* * *

杰出的奥克塔维娅·巴特勒（Octavia Butler）在其经典作品《播种者寓言》（*The Parable of the Sower*）中指出，变化是"一个无法回避的事实，是我们生活的基本黏土。为了过上有建设性的生活，我们必须学会在可以的时候塑造变化，在必须的时候屈服于变化。无论如何，我们都必须学习和传授，适应和成长"。[8] 在我们进入元宇宙世界之际，我认为没有比这段更好的话来指导我们所有人了。

序 言

1. Blake J. Harris, *The History of the Future*: *Oculus*, *Facebook*, *and the Revolution That Swept Virtual Reality* (New York: Harper Collins, 2019), 348.

2. Ibid., 329.

第一章

1. https://www.cnbc.com/2019/12/08/how-bill-gates-described-the-internet-to-david-letterman-in-1995.html.

2. https://www.businessinsider.com/steve-jobs-quotes-2013-10.

3. https://injuryfacts.nsc.org/motor-vehicle/motor-vehicle-safety-issues/distracted-driving/.

4. https://www.reuters.com/article/us-health-teens-gaming/parents-think-teens-spend-too-much-time-playing-video-games-idUSKBN1ZJ25M.

5. Matthew Ball, *The Metaverse*: *And How It Will Revolutionize Everything* (New York: Liveright Publishing, 2022), 29.

6. This was recognized by Merriam Webster when they added the word "Metaverse" to their dictionary in September 2022. Their definition of the Metaverse is of a "persistent virtual environment that allows access to and interoperability of multiple individual virtual realities." No immersion required.

7. Nick Clegg, "Making the Metaverse: What It Is, How It Will Be Built, and Why It Matters," *Medium*, May 18, 2022, https://nickclegg.medium.com/making-the-metaverse-what-it-is-how-it-will-be-built-and-why-it-matters-3710f7570b04.

8. https://nianticlabs.com/news/real-world-metaverse/?hl=en.

9. https://www.ben-evans.com/benedictevans/2022/10/31/ways-to-think-about-a-metaverse.

10. And the incomparable *Moss* 2. What a sequel!

11. https://www.ted.com/talks/nicole_lazzaro_how_the_metaverse_will_change_the_world_of_gaming.

12. John Cunningham, Head of Government & Aerospace, Unity, "Getting Beyond the Fiction and Seeing the Reality in the Metaverse" speech at Immerse Global Summit, Madeira, Portugal, September 28, 2022.

13. Marc Rowley, "The Fan Experience: SportsXR," in *Creating Augmented and Virtual Realities*, edited by Erin Pangilinan, Steve Lukas, and Vasanth Mohan (Sebastopol, CA: O'Reilly Media, 2019), 277.

14. Victor Prisacariu and Matt Miesnieks, "How the Computer Vision That Makes Augmented Reality Possible Works," in *Creating Augmented and Virtual Realities*, edited by Erin Pangilinan, Steve Lukas, and Vasanth Mohan (Sebastopol, CA: O'Reilly Media, 2019), 122.

15. I used to think that I'd be all brave if I ended up in some truly terrifying situation in the physical world, but I know now from my repeated experiences in nasty VR encounters that I am very much more likely to freak out and freeze. Sigh.

第二章

1. Noted Metaverse thinker Tony Parisi is a strong proponent of the "There is only one Metaverse, just as there is only one Internet" school of thought. I agree, and want to make it clear that when I talk about something like "the gaming Metaverse," I'm describing a certain category of experience within the wider Metaverse, not a separate entity. The different categories are on separate platforms and accessed in different ways today, but they're all going to contribute to the formation of the Converged Metaverse eventually. (Tony Parisi, in conversation with Amy Peck, "The Metaverse Won't Be Here Until It's Truly Open," presentation at the *Economist* Metaverse Summit 2022, San Jose, California, October 2022).

2. "GenZ and the Metaverse, " Nokia/Ipsos Whitepaper, September 2022.

3. Of course, this only goes for your physical appearance – for categories like age, gender, or nationality, your voice will still give the game away if you talk to anyone. I suspect we'll have voice-changing tools to take care of that before long.

4. https://www.businesswire.com/news/home/20220419005232/en/Razorfish-Study-Finds-52-of-Gen-Z-Gamers-Feel-More-Like-Themselves-in-the-Metaverse-than-in-Real-Life.

5. "GenZ and the Metaverse."

6. Ibid.

7. https://uploadvr.com/codec-avatars-2-0-photorealism/.

8. "GenZ and the Metaverse."

9. https://www.bbc.com/news/business-59558921.

10. https://en.maff.io/about_zepeto_metaverse/.

11. Shoutout to Bookflow! What an amazing collection of thinkers.

12. At Meta Connect 2022, Meta's annual development conference, the company

announced that they are developing algorithms that will be able to generate accurate full-body movement without using external trackers. Watch this space.

13. "GenZ and the Metaverse."

14. https://dailyhive.com/vancouver/indigenous-inspired-minecraft-expansion-celebrate-anishinaabe-culture.

15. https://cyark.org/about/blog/?p=resonant-announcement.

16. https://www.theguardian.com/world/2022/sep/29/could-a-digital-twin-of-tuvalu-preserve-the-island-nation-before-its-lost-to-the-collapsing-climate.

17. https://www.channelnewsasia.com/commentary/cop27-tuvalu-upload-country-metaverse-climate-change-3083411.

18. https://venturebeat.com/games/rec-room-hits-75m-lifetime-users-and-1m-in-creator-payouts-for-q1/.

19. https://fortune.com/2022/10/15/meta-metaverse-empty-sad-world-vr- horizon-zuckerberg-facebook/.

20. https://www.devex.com/news/eu-aid-dept-s-387k-metaverse-meets-real-world-critique-104335.

21. https://fortune.com/2022/12/01/only-6-people-showed-up-eu-400000-party-metaverse/.

第三章

1. https://www.washingtonpost.com/technology/2022/04/21/vr-workout-games/.

2. https://www.psypost.org/2023/01/virtual-reality-could-offer-a-mode-of-exercise-that-elicits-lower-perceived-exertion-study-finds-65172.

3. I've also become very, very good at the competitive app *GeoGuessr*, which also uses Google Street View to challenge players to identify where in the world a series of places are. There are many ways to travel the world virtually!

4. https://youtube.com/watch?v=ETCdqoHUe38.

5. https://www.otago.ac.nz/news/news/otago228744.html.

6. https://www.youtube.com/watch?v=gUqEnquWoL4; I really recommend watching this one. I get tears in my eyes every time!

7. https://www.techtimes.com/articles/259282/20210420/first-prescription-video-game-receives-fda-approval-post-covid-treatment.htm.

8. https://www.nursingtimes.net/news/workforce/virtual-reality-app-provides-taste-of-prison-nursing-experience-18-11-2022/.

9. https://nftnow.com/features/futurist-krista-kim-living-in-the-metaverse/.

第四章

1. https://www.wired.com/story/plaintext-metaverse-better-without-virtual-reality/.

2. https://coingeek.com/uae-ministry-of-economy-opens-office-in-the-metaverse/.

3. https://www.upi.com/Top_News/World-News/2023/01/16/Seoul-Metaverse-virtual-platform-launched/6531673859297/.

4. https://www.cnbc.com/2022/05/30/south-koreas-investment-in-the-metaverse-could-provide-a-blueprint.html.

5. https://www.linkedin.com/pulse/experience-seoul-metaverse-tegrofi/.

6. https://cointelegraph.com/news/seoul-government-opens-city-s-metaverse-project-to-public.

7. https://www.youtube.com/watch?v=jYx2yqbxjK0.

8. https://www.sciencedaily.com/releases/2022/01/220105111424.htm.

9. https://vrscout.com/news/korea-to-begin-using-vr-based-drivers-ed-for-elderly-in-2025/.

10. https://www.auganix.org/victoryxr-to-work-with-the-commonwealth-of-the-bahamas-to-help-with-rollout-of-nationwise-metaverse-education-program/.

11. https://www.lifeliqe.com/case-studies/xr-in-libraries.

12. https://www.lbbonline.com/news/irelands-first-branded-metaverse-teaches-kids-all-about-road-safety.

13. https://sidequestvr.com/app/5654/hope-for-haiti.

14. https://www.theguardian.com/global-development/2015/dec/31/virtual-reality-movies-aid-humanitarian-assistance-united-nations.

15. https://nebraskapublicmedia.org/en/news/news-articles/world-renowned-virtual-reality-art-exhibit-showcases-harrowing-immigration-experience/.

16. https://www.sunflowar.com/.

17. https://www.npr.org/2022/08/13/1103449107/india-pakistan-partition-75-virtual-reality-project-dastaan.

18. https://around.uoregon.edu/content/virtual-reality-gives-humans-turtles-eye-view-wildlife.

第五章

1. Fond shoutout here to my online trivia team, Flamingo Bellagio – we've never all met together in person, but you are some of my closest friends!

2. https://www.theesa.com/resource/2021-essential-facts-about-the-video-game-industry/.

3. https://www.cloudwards.net/discord-statistics/.

4. https://roblox.fandom.com/wiki/ History_of_Roblox.

5. https://www.ft.com/video/6b8420bb-13f2-4c15-8a0c-6a0eb84f0860.

6. Matthew Ball, *The Metaverse*: *And How It Will Revolutionize Everything* (New York: Liveright Publishing, 2022), 246.

7. https://screenrant.com/pokemon-go-active-players-how-many-popular-2022/.

8. Conversation with Mattias Strodkötter, September 30, 2022.

9. https://www.washingtonpost.com/business/facebook-beware-the-metaverse-is-flat/2022/09/20/37f35b1a-38a1-11ed-b8af-0a04e5dc3db6_story.html.

10. Ronit Ghose and Nisha Surendran, Sophia Bantanidis, Kaiwan Master, Ronak Shah, and Puneet Singhvi, "Metaverse and Money: Decrypting the Future," Citigroup, March 2022, https://www.citivelocity.com/citigps/metaverse-and-money/.

11. https://www.merriam-webster.com/dictionary/gamification.

12. Adrian Hon, *You've Been Played: How Corporations, Governments, and Schools Use Games to Control Us All* (New York: Basic Books, 2022).

13. https://news.gsu.edu/2022/07/11/study-video-game-players-show-enhanced-brain-activity-decision-making-skill/.

14. The first time I had to file an income tax return was to report the money I earned from working in a bookstore. My 15-year-old son had to file his first tax return to report his *Fortnite* winnings. Thus the generations evolve.

15. https://www.youtube.com/watch?v=NBsCzN-jfvA.

16. https://www.nike.com/kids/nikeland-roblox.

17. Amy Peck, CEO, EndeavorXR, "The Meh-taverse: It's Not Just Apes That Are Bored," speech at Immerse Global Summit, Madeira, Portugal, September 28, 2022.

18. https://about.nike.com/en/newsroom/releases/nike-acquires-rtfkt.

19. https://www.thedrum.com/news/2022/09/22/21m-people-have-now-visited-nike-s-roblox-store-here-s-how-do-metaverse-commerce.

20. Rankings as of October 2022.

21. https://newsroom.chipotle.com/2022-09-13-CHIPOTLE-INTRODUCES-NEW-GARLIC-GUAJILLO-STEAK-ACROSS-THE-U-S-,-CANADA-AND-THE-METAVERSE.

第六章

1. For a thorough exploration of this topic, look no further than *The Metaverse*, by Matthew Ball (Liveright Publishing, 2022). His view of the Metaverse is more focused on the immersive experience than mine is, but other than that we agree on most Metaverse-related topics.

2. For a thorough exploration of this topic, I recommend Cathy Hackl et al.'s *Navigating the Metaverse* (Wiley, 2022), which goes deeply into the economics and opportunities of the Blockchain-powered Metaverse, especially from a brand opportunity perspective.

3. https://fortune.com/crypto/2022/08/08/mark-cuban-criticizes-metaverse-land-sales-yuga-labs-otherside/.

4. Though what happens to your holdings if one of these worlds goes offline or is otherwise shut down is unclear. Call me a pessimist.

5. https://news.bitcoin.com/virtual-land-adjacent-to-snoop-doggs-sandbox-estate-sells-for-450k-in-ethereum/.

6. "CBS Reports: Welcome to the Metaverse," March 24, 2022. CBS News, 46:29, https://www.cbsnews.com/video/cbs-reports-welcome-to-the-metaverse/#x.

7. https://fortune.com/2022/02/16/jpmorgan-first-bank-join-metaverse/.

8. https://metanews.com/fidelity-attracts-investors-through-the-metaverse/.

9. https://arvrnews.co/vr-news/the-sandbox-and-time-magazine-to-build-a-virtual-version-of-new-york-city/.

10. https://www.cnbc.com/2022/08/10/paris-hilton-will-sell-nfts-and-hold-virtual-parties-in-the-sandbox.html.

11. https://blockworks.co/netflix-builds-gray-man-metaverse-experience-in-decentraland/.

12. https://austinvisuals.com/how-much-does-it-cost-to-build-a-store-in-decentr-

aland/.

13. https://www.coindesk.com/web3/2022/10/07/its-lonely-in-the-metaverse-decentralands-38-daily-active-users-in-a-13b-ecosystem/.

14. https://cryptomode.com/this-metaverse-project-has-few-monthly-users-and-land-value-decreased-by-over-94/.

15. https://backlinko.com/roblox-users.

16. https://markets.businessinsider.com/news/currencies/decentraland-metaverse-casino-crypto-gambling-poker-2022-2.

17. https://events.decentraland.org/event/?id=1ea59648-89e7-4f4b-9f36-f80c69d12 48f.

18. https://vrscout.com/news/taco-bell-opens-a-wedding-chapel-in-the-metaverse/#.

19. https://cointelegraph.com/news/a-very-ambitious-100m-metaverse-r-d-hub-is-being-built-in-melbourne.

20. https://docs.aloki.io/.

21. https://www.vice.com/en/article/pkp47y/metaverse-company-to-offer-immortality-through-live-forever-mode.

22. https://www.artnews.com/art-news/news/bored-ape-yacht-club-nfts-lawsuit-madonna-jimmy-fallon-1234649797/#!

23. https://dominionxshow.com/; and https://www.morningbrew.com/emerging-tech/stories/2021/08/16/qa-steve-aoki.

24. http://replicantx.xyz/.

25. https://www.forbes.com/sites/ninabambysheva/2021/08/23/visa-enters-metaverse-with-first-nft-purchase/?sh=1de7716668b3.

26. "CBS Reports: Welcome to the Metaverse, " March 24, 2022. CBS News, 39:36, https://www.cbsnews.com/video/cbs-reports-welcome-to-the-metaverse/#x.

27. https://venturebeat.com/games/geenee-ar-launches-nft-all-stars-a-multi-metaverse-

ar-game/.

28. https://fortune.com/2022/07/21/minecraft-developers-ban-nfts-blockchain/.

29. https://dailycoin.com/there-is-no-room-for-fortnite-nfts-at-epic/.

30. https://fortune.com/2022/10/11/cnn-suddenly-shutters-its-nft-marketplace-and-collectors-are-calling-a-rug-pull/.

31. https://decrypt.co/114856/coachella-tomorrowland-solana-nfts-stuck-ftx.

32. https://www.wired.com/story/spatial-airbnb-for-nfts/.

第七章

1. https://arpost.co/2022/09/14/global-brands-vr-training-workplace/.

2. Irena Cronin and Robert Scoble, *The Infinite Retina*: *Spatial Computing, Augmented Reality, and How a Collision of New Technologies Are Bringing about the Next Tech Revolution* (Birmingham, UK: Packt Publishing, 2020), 289.

3. Jeremy Dalton, *Reality Check*: *How Immersive Technologies Can Transform Your Business* (London: Kogan Page, 2021), 187.

4. Croninand Scoble, *The Infinite Retina*, 290.

5. Shout-out to co-founders Sebastian Kuehne and Rolf Messmer, plus CEO Michael Gairing!

6. https://www.marketingbrew.com/stories/2022/05/31/agencies-are-investing-in-vr-headsets-and-other-tech-to-simulate-in-person-work-experiences.

7. Jane McGonigal, *Imaginable*: *How to See the Future Coming and Feel Ready for Anything – Even Things That Seem Impossible Today* (New York: Spiegel & Grau, 2022), 9.

8. https://news.stanford.edu/2022/12/14/vr-real-impact-study-finds/.

9. https://www.accenture.com/us-en/about/going-beyond-extended-reality.

10. Alex Howland, "Who Are You and Who Are Your Tribes? What Do Identity and

Authentication Look Like in the Metaverse?" panel discussion at the *Economist Metaverse Summit 2022*, San Jose, California, October 26, 2022.

11. https://abcnews.go.com/International/south-korean-companies-move-greener-affordable-metaverse-office/story?id=87624178.

12. https://vrscout.com/news/giant-vr-robots-are-building-railways-in-japan/#.

13. https://www.sarcos.com/products/guardian-dx/.

14. https://www.headwallvr.com/.

15. https://arinsider.co/2022/06/20/will-mobile-ar-revenue-reach-36-billion-by-2026/.

16. Jeremy Dalton, *Reality Check: How Immersive Technologies Can Transform Your Business* (London: Kogan Page, 2021), 182.

17. https://mashable.com/article/changi-airport-ar-sats.

18. https://www.cnet.com/roadshow/news/porsche-tech-live-look-augmented-reality-adoption-up-coronavirus/.

19. https://www.forbes.com/sites/forbestechcouncil/2021/09/14/augmented-and-virtual-reality-after-covid-19/?sh=5311d4bb2d97.

20. https://www.youtube.com/watch?v= QZGeJH9-9eY.

21. https://www.zdnet.com/article/singapore-maritime-industry-sees-through-ar-glasses-in-5g-boost/.

22. https://www.nokia.com/networks/insights/metaverse/six-metaverse-use-cases-for-businesses/.

23. https://www.verizon.com/about/news/bluejeans-verizon-enables-next-generation-mobility.

24. https://www.auganix.org/vuzix-ar-smart-glasses-used-in-live-commerce-trial-at-japanese-7-eleven-store/.

25. Markku Kivinen, Solution Sales Lead, Cognitive Production Industry Research Area, VTT Technical Research Centre of Finland Ltd., interviewed by Leslie

Shannon, June 2022.

26. Karoliina Salminen, Lead, Smart Manufacturing, Cognitive Production Industry Research Area, VTT Technical Research Centre of Finland Ltd., interviewed by Leslie Shannon, October 2022.

27. https://en.wikipedia.org/wiki/ Digital_twin.

28. https://www.metanews.com/square-yards-unveils-3d-metaverse/.

29. Kevin O' Donovan, Technology Evangelist @ A Bit of This and That, "The Industrial Metaverse," speech at Immerse Global Summit, Madeira, Portugal, September 30, 2022.

30. Sean Audain, Strategic Planning Manager, Wellington, New Zealand City Council, interviewed by Leslie Shannon, March 2020.

31. https://venturebeat.com/ai/helsinkis-pioneering-city-digital-twin/.

32. https://www.theregister.com/2021/07/12/singapore_vr_greenery_study/.

33. https://snobal.io/.

34. Chris Priemesberger, Indranil Sircar, Andrew Chrostowski, Brian Vogelsang, and John Fan, "Welcome to the Industrial Metaverse: Tech Leaders Roundtable Discussion," Real Wear Webinar, May 18, 2022, https://www.linkedin.com/video/event/urn:li:ugc Post:6924808276693987328/.

第八章

1. https://www.fool.com/earnings/call-transcripts/2022/10/20/snap-inc-snap-q3-2022-earnings-call-transcript/.

2. https://backlinko.com/roblox-users.

3. https://www.newmuseum.org/pages/view/ar-t.

4. https://thegreenplanetexperience.co.uk/.

5. https://techcrunch.com/2022/09/08/disney-plus-new-ar-short-film-starring-brie-

larson/.

6.　https://arinsider.co/2022/07/13/does-ar-need-more-pr-2/.

7.　https://19crimes.com/collections/wines.

8.　https://next.reality.news/news/verizon-pepsi-cheetos-run-ar-plays-for-their-super-bowl-lv-advertising-efforts-0384326/.

9.　https://www.thedrum.com/news/2020/02/21/the-best-burger-king-ads-burned-its-rivals.

10.　https://www.retaildive.com/news/shoppers-who-use-ar-less-likely-to-return-purchases-snap/625761/.

11.　https://www.zennioptical.com/tryon.

12.　https://finance.yahoo.com/news/walmart-acquire-ar-optical-tech-120000487.html.

13.　https://www.ikea.com/us/en/home-design/.

14.　https://forums.appleinsider.com/discussion/228185.

15.　https://arpost.co/2022/02/03/usa-todays-ar-experience-true-crime/.

16.　https://vrscout.com/news/what-you-need-to-know-about-getting-an-ar-tattoo.

17.　https://www.standard.co.uk/tech/snapchat-lego-wear-store-fitzrovia-a4065681.html.

18.　https://badvr.com/product/seesignal.html.

19.　https://particle3.com/wmawards.

20.　https://www.bbc.com/news/technology-63241930.

21.　https://www.televisual.com/news/watch-nexus-studios-ar-experience-for-changdeok-palace-in-seoul/.

22.　https://maryrose.org/time-detectives/.

23.　https://fordauthority.com/2022/05/ford-patent-filed-for-augmented-reality-display-for-locating-vehicles/.

24. https://vrscout.com/news/ar-powered-hotels-have-officially-arrived/.

25. https://www.8thwall.com/wox/drops-insecure.

26. https://techcrunch.com/2022/10/27/skidattls-augmented-reality-beacons-are-like-a-bat-signal-for-fun/.

27. https://nianticlabs.com/sponsoredlocations.

28. https://venturebeat.com/2020/01/22/niantic-drove-249-million-in-tourism-revenue-with-its-walking-events-in-2019/.

29. https://vrscout.com/news/snap-spectacles-ar-game-has-players-racing-to-collect-bananas/.

第九章

1. Alvin Graylin, "Metaverse Metamorphosis: The Journey from Today's Internet Walled Gardens to the Interoperable 3D Open Worlds We Deserve," speech at the *Economist* Metaverse Summit 2022, San Jose, California, October 26, 2022.

2. https://www.theverge.com/2020/2/20/21145260/htc-project-proton-vr-ar-xr-headset-prototype-cosmos-vive-5g.

3. https://www.thedailybeast.com/cybersickness-could-spell-an-early-death-for-the-metaverse-and-virtual-reality.

4. "G" means "generation," so 5G is the fifth generation of wireless connectivity.

5. https://www.nokia.com/blog/the-metaverse-will-never-move-beyond-our-living-rooms-without-a-powerful-network/.

6. https://blog.vive.com/us/htc-vive-announces-new-products-and-content-jan-2022/ – and thanks to the great people of Lumen for telling me about their accomplishment!

7. https://uk.finance.yahoo.com/news/facebook-owner-meta-brings-augmented-062228827.html.

8. Victor Prisacariu and Matt Miesnieks, "How the Computer Vision That Makes Augmented Reality Possible Works," in *Creating Augmented and Virtual Realities*, edited by Erin Pangilinan, Steve Lukas, and Vasanth Mohan (Sebastopol, C A: O' Reilly Media, 2019), 119.

9. Just to be clear, that's an analogy, not a statement of actual measurement!

10. https://arpost.co/2022/12/19/riga-metacity-initiative-europe-metaverse/.

11. https://www.internetnews.com/it-management/optus-nokia-strike-900-million-3g-deal/.

12. https://www.digitaltrends.com/mobile/what-is-rcs-messaging/.

13. https://arkienet.com/2018/10/rcs-carrier-interoperability/.

14. https://www.optus.com.au/portal/site/aboutoptus/menuitem.813c6f701cee5a14f041 9f108c8ac7a0/?vgnextoid=162d8336054f4010 VgnVCM1000009fa87c0aRCRD.

15. Flashback: 20 years ago, Nokia 7650, the first camera phone, was launched | Nokiamob.

16. https://www.youtube.com/watch?v=YJg02ivYzSs&t=229s.

17. David Rose, *SuperSight*: *What Augmented Reality Means for Our Lives, Our Work, and the Way We Imagine the Future* (Dallas: Ben Bella Books, 2021), 271.

第十章

1. https://www.theverge.com/2022/5/11/23067426/google-ar-glasses-live-translate-io.

2. https://www.youtube.com/watch?v=lj0bFX9HXeE.

3. If you're not familiar with this reference, you need to read Douglas Adams' *The Hitchhiker's Guide to the Galaxy*.

4. https://blog.google/products/google-ar-vr/building-and-testing-helpful-ar-experiences/.

5. https://www.mi.com/global/discover/article?id=2880.

6. https://www.auganix.org/xrai-glass-partners-with-nreal-to-announce-ar-smart-glasses-that-provide-real-time-closed-captioning-of-speech/.

7. https://www.engadget.com/oppo-air-glass-assisted-reality-wearable-xr-ar-095617424.html?src=rss.

8. https://www.nidcd.nih.gov/health/statistics/quick-statistics-hearing.

9. https://brandongaille.com/31-eyewear-industry-statistics-trends-analysis/.

10. https://www.auganix.org/mit-research-that-utilizes-ai-for-facial-emotion-recognition-points-to-potential-benefits-of-augmented-reality-for-people-with-autism/.

11. Don Norman, *The Design of Everyday Things* (New York: Basic Books, 2013), 216.

12. https://protohologram.com/.

13. Irena Cronin and Robert Scoble, *The Infinite Retina*: *Spatial Computing, Augmented Reality, and How a Collision of New Technologies Are Bringing About the Next Tech Revolution* (Birmingham, UK: Packt Publishing, 2020), 256.

14. https://dentonrc.com/news/denton/playgrounds-of-the-future-denton-officials-envision-virtual-reality-added-to-city-parks/article_a57be653-3c3d-594b-b3c2-7402d5c4f40e.html.

15. https://nianticlabs.com/news/snapdragon-spaces.

16. https://www.reddit.com/r/virtualreality/comments/l3bd1d/i_turned_real_life_vacuuming_into_a_virtual/.

17. https://vrscout.com/news/niantic-mr-pokemon-go-demo-hololens/.

18. https://www.xrtoday.com/augmented-reality/what-is-emg-and-why-will-it-revolutionise-metas-ar-future/.

19. https://arpost.co/2022/11/21/zoe-platform-create-vr-experiences/.

20. https://venturebeat.com/ai/dall-e-api-released-by-openai-in-public-beta/.

21. https://venturebeat.com/ai/google-announces-ai-advances-in-text-to-video-language-translation-more/.

22. https://www.engadget.com/openai-releases-point-e-dall-e-3d-text-modeling-210007892. html?guccounter=1.

23. https://www.the guardian.com/technology/2022/apr/28/snapchat-evan-spiegel-dismisses-facebook-metaverse-hypothetical.

后　记

1. You know who you are. I quote with love – your challenges helped me sharpen my thinking in many ways. Thank you!

2. Alvin, Graylin, "Metaverse Metamorphosis: The Journey From Today's Internet Walled Gardens to the Interoperable 3D Open Worlds We Deserve," speech at the *Economist* Metaverse Summit 2022, San Jose, California, October 26, 2022.

3. https://www.wired.com/story/mirrorworld-ar-next-big-tech-platform/.

4. https://www.computerworld.com/article/2537529/2007-was-a-blockbuster-year-for-mobile-phones.html.

5. Jane McGonigal, *Imaginable*: *How to See the Future Coming and Feel Ready for Anything – Even Things That Seem Impossible Today* (New York: Spiegel & Grau, 2022), 113.

6. Geoff Bund, CEO of Headwall VR, is the one who first pointed out to me the importance of getting experts exposed to new technologies, based on his own experience in bringing VR solutions to defense contractors.

7. Jeremy Dalton, *Reality Check* (London: Kogan Page, 2021), 77.

8. Octavia E. Butler, "A Conversation with Octavia E. Butler," in *Parable of the Sower* (New York: Grand Central Publishing, 2019), 336.